负能量断舍离

断舍离

你一生要避开的心灵陷阱

江静流 ◎ 著

AWAY OFF
THE
NEGATIVE ENERGY

中国华侨出版社

图书在版编目(CIP)数据

负能量断舍离:你一生要避开的心灵陷阱 / 江静流著. —北京:中国华侨出版社,2013.6

ISBN 978-7-5113-3771-9

Ⅰ.①负… Ⅱ.①江… Ⅲ.①情绪-自我控制-通俗读物
Ⅳ.①B842.6-49

中国版本图书馆 CIP 数据核字(2013)第143796号

负能量断舍离:你一生要避开的心灵陷阱

著　　者 / 江静流
责任编辑 / 严晓慧
责任校对 / 王京燕
经　　销 / 新华书店
开　　本 / 870 毫米×1280 毫米　1/32　印张/8　字数/270 千字
印　　刷 / 北京建泰印刷有限公司
版　　次 / 2013 年 9 月第 1 版　2013 年 9 月第 1 次印刷
书　　号 / ISBN 978-7-5113-3771-9
定　　价 / 28.00 元

中国华侨出版社　北京市朝阳区静安里 26 号通成达大厦 3 层　邮编:100028
法律顾问:陈鹰律师事务所
编辑部:(010)64443056　　64443979
发行部:(010)64443051　　传真:(010)64439708
网址:www.oveaschin.com
E-mail:oveaschin@sina.com

前言

　　繁忙生活中，我们每一天都会产生大量的负面情绪：因忙碌而生的焦躁、因交际而来的倦怠、因挫折而起的抱怨，还有因过去而生的空虚、因未来而生的迷茫……当我们的心灵逐渐被种种负面因子占满，欢乐会被苦闷驱逐，热情会被消极溶解，我们的人生渐渐由一次愉快的旅行变为负重马拉松，这个时候，你需要了解如何"断、舍、离"。

　　"断、舍、离"是都市生活的一种最新观念，倡导一个人在日常生活中，断绝不需要的东西，脱离对物品的执着；舍弃多余的废物，对拥有的物品进行筛选，整理出更多空间接受新事物；离开不属于自己的人生环境，离开对自己不利的因素，寻找适合自己发展的环境和优点。

　　当你察觉自己疲惫不堪，想要改变现状，你同样要对自己的心灵进行一次大扫除，与影响人生和生活的负面能量断、舍、离。

　　人生有太多的不适合、不需要、不愉快，这些"太多"影响着我们的生活和情绪，要学会断、舍、离，不要让它们塞满我们心灵的空间，不要去接触不同道的人，离开伤了你感情的人，忘记伤心的事……

果断地断、舍、离，虽会有一时的戚戚然，却会让我们的精神更加充实且专注。

本书是一本现代都市生活的心灵导航手册，精心选择的哲理故事加上涵义隽永的语言，让你在阅读之余掌握如何切断那些让你陷入迷茫的消极情绪；抛离阻碍你发展的负面思维模式；舍弃占据心灵的沉重负担。读罢此书，当你安然地合上书页，很多困扰你多日的难题与阴霾也将随之悄然离去，你会重新感受到生命悠然自得的真意，找回久违的活力与笑脸。

目录

1 和负面心态断、舍、离

2 和负面情绪断、舍、离

1 和负面心态断、舍、离

　　每当我们静下心来思考自己的生活，会发现我们离快乐很远，离迷茫很近。迷茫就像乌云一样遮蔽心灵，让我们不能接触阳光，心底始终有一片又一片的阴翳。

　　切断迷惑，抛离游移，舍弃患得患失或者追求完美的心态，用微笑面对生活，未来才能渐渐清晰。

别让完美主义害了你

俗话说，皇帝的女儿不愁嫁，成绩优秀的何秀秀就抱定了这样的念头。

大三一过，何秀秀和其他人一样，忙着找实习单位。她被老师推荐到市电视台工作，可惜的是，市电视台编制已满，何秀秀实习期的成绩虽然优秀，也只能做一个临时工。不过何秀秀并不着急，她相信以自己姣好的外貌、伶俐的口舌、优异的成绩，一定可以在其他地方找到好工作。

比起苦苦寻找工作的其他同学，何秀秀的就业机会实在让人眼红，首先是一家广播电台给她打电话，何秀秀想自己怎么说也要进入比市电视台更高级别的地方，所以一口回绝。此外还有外企、高校、广告公司都对何秀秀十分满意，何秀秀考虑再三，认为自己还能遇到更好的机会。过了几个月，同学们都找到了工作，只有何秀秀还在等待她心目中的"好机会"。

直到毕业将近，何秀秀才开始着急，她给以前通知她上班的单位打电话，对方回答："已经找到了合适的人选。"何秀秀这才发现，好工作都已经被人抢走了！

　　毕业找工作的时候，条件优秀的何秀秀认为自己是"皇帝的女儿"，她相信自己有资本挑工作，而不是被工作挑，总想一步到位找一个最好的工作。等到她发现身边所有同学都有了工作，那些曾经希望录用她的公司找到了其他合适的员工，她才不得不接受一个悲哀的现实：皇帝的女儿，也有可能嫁不出去。

　　人们把何秀秀这样不断追求完美的人称为"完美主义者"，不得不承认，完美主义者很优秀，因为他们从不放松努力，从不姑息自己的错误，这让他们在某些方面显得比旁人更加优异。但当他们的完美主义一旦超出某个界限，就会成为对自己的吹毛求疵，就像一个美女照着镜子说她的鼻子不够挺，脸庞不够尖，眉毛不够长……在旁人看来很美丽的事物，在他们眼中全是毛病，他们对自己的要求有时像是激励，有时更像自虐。

　　对待人生，完美主义者同样努力而固执。他们把人生当做奥林匹克运动会，随时都要追求"更高更快更强"，他们的努力目标就是为了让自己更完美。对现状，他们永不满足；对机会，他们挑三拣四。他们以苛刻的标准对待自己，经常感到力不从心，又不肯放弃"高标准严要求"，他们的人生像一场无止境的马拉松，不能懈怠、不能休息，随时都在冲刺。他们总是认为自己没有达到要求，比其他人更累，却比其他人更没有成就感。

　　一次，一个娱乐记者要去采访一位明星，这位明星已届中年，平日严肃沉默，最不爱和媒体打交道，媒体对他也没有太多报道。记者想借着这次采访，挖一些内幕消息。

记者趁着明星在化妆间休息的空当儿想要提问题，那位明星显然正在忙碌。记者发现，明星的戏服被咖啡染了色，助手正在紧急处理——要知道这是一部古装戏，戏服只有这一套，而这套戏服很不幸是浅浅的颜色。让记者吃惊的是，助手竟然像长辈一样教训明星说："跟你说了多少次，吃东西喝东西的时候不要毛手毛脚！"然后歉意地看着记者说："不好意思，他就是这个样子，演戏认真，其余时候都糊里糊涂。"

记者突然觉得眼前这个沉默寡言的明星不像传闻中那么不可接近，相反，他有极其普通也极其可爱的一面。

记者热衷于从明星身上挖掘新闻，特别是对那些看似完美的明星，记者总想知道一点内幕。故事里的记者也抱着这样的态度去接触一位大明星，他惊奇地发现这位少言寡语的明星并没有看上去那么"大牌"。这位明星笨手笨脚地喝着咖啡，把咖啡弄到戏服上，并且被自己的助手训斥。一个高大完美的明星不见了，取而代之的是一个迷糊的、可爱的中年男人。记者对这个明星突然产生了好感和喜爱。

人们对事物的最高评价是"十全十美"，但十全十美的东西并不可爱，甚至难以亲近。十全十美的艺术品总放在玻璃橱子里，不能碰，不能摸。十全十美的人尽管体贴周到，却总让人觉得假。那些看似完美的人出现一点小失误，有一点小毛病，反倒让人更愿意接受。有缺点的东西让人感觉亲切，毕竟谁都不完美。

一个淡水珍珠商培养了一颗饱满美丽的珍珠，可惜这珍珠有一小块黑点，珍珠商陷入两难：把黑点磨掉，珍珠就不圆润；要保持珍珠完美的外形，就要容忍那个黑点。事情不能两全，有一方面的完美，就有另一方面的不完美。如果过分追求，就会导致珍珠的损伤。

完美主义者对自身的要求也是如此，一味要求自己全面发展，就造成了没有专长；一味要求自己有完美的性格，就造就了毫无个性；一味追求最好的东西，就会让自己疲惫不堪。完美固然是件好事，但有缺点至少是一种自然的真实。世界上没有那么多完美，也不要追求那么多"最"，放松自己，别让完美主义害了你。

任何事都不要做过头

春天到了，一个农夫犁地后把种子种到地里，经过农夫精心照顾，种子很快发芽，看到绿油油的禾苗，农夫十分开心，每天继续浇水施肥，希望能有一个好收成。

又过了一段时间，农夫开始着急："禾苗为什么长得这么慢？什么时候才能长得更高一点？"有天晚上，太阳就要落山，心急的农夫灵机一动，想出一条妙计。他将每棵禾苗向上拔了几厘米，他相信这样一来，禾苗就能长得更好，收获就能来得更快。

接下来的事我们都知道，第二天，农夫发现田地里的禾苗死光了，这就是成语"揠苗助长"的由来。

农夫将禾苗从土里拔出，但经过一个晚上，这些违反作物生长规律的禾苗全都死掉了，农夫白白忙活，还蒙受了损失。这个故事告诉我们心急吃不了热豆腐，做什么事都要按规矩来。如果操之过急效果不会好，有时候还会适得其反。

成语字典里有很多关于性急的成语：一步登天、一蹴而就、一气呵成……人们做什么事都希望快一点，特别是在当今社会，做事更加讲求效率，每个人都想用最少的时间办最多的事，人们恨不得把 24 小时变为 48 小时，忙得天昏地暗还觉得时间不够。做同一件事的时候，那些对自己要求高的人也喜欢最大限度压榨自己，提高速度，这样的人又有一个名称——工作狂。工作狂们就像动车奔驰在轨道上，人们只看到它在眼前一闪，匆匆忙忙地向着目标疾驰，根本不知道自己到过什么地方。这样的人生太过急迫，以致失去了乐趣。

任何事都遵循着一定的规律，做什么事要懂得适可而止，太急或太慢，都会扰乱生命的步调。就像订下了一个合理完善的计划，你每天按时完成它，将它执行到底，自然会得到理想的结果，但如果随意更改，今天多一个步骤，认为自己深谋远虑；明天多一天休息，认为自己在休养生息，完全打乱了最初的想法，最后，你所得到的结果也许和想要的大相径庭。也许你认为自己做了更多的事，事实证明，增多的不一定是好的，也有可能是累赘。

就像"画蛇添足"这个成语故事，画师以最快的速度画完一条蛇就可以拿到奖品，他却希望自己的画更完美，就给蛇添了四只脚。最后，谁也不承认这个画家画的动物是一条蛇。有时候做事太过要求完美，增加不必要的步骤，结果就是多此一举，没有人愿意买账。

在希腊德尔斐神庙有两条著名的铭言，一条是人尽皆知的"认识你自己"，还有一条是"任何事都不要做过头"。这两条铭言告诉人们如何学得聪明。一件事做得恰到好处，自己不费更多的力气，别人也满意，如果管得太多，自己操劳不说，别人还嫌你多事。生活中有多少人勤勤恳恳地给自己规定超额任务，却只得到"画蛇添足"的评价？

与人的相处也是如此，太亲近难免有摩擦，太疏远又称不上知己，唯有不远不近，保持适当距离，让距离保持美。对自己的要求更是如此，太高的要求让自己疲惫，太低的要求让自己平庸，只有结合实际，定下最佳目标，才能达到身心平衡。至于这个"度"由什么衡量，有待我们在实践中观察摸索，但有一个底线我们要能够把握：不要让自己太累，也不要让别人厌烦。

一根筋的人会走进死胡同

唐朝武则天时期，为了维护统治，武则天起用了一批酷吏，以周兴、来俊臣为首的这些人专门抓捕反对女皇的大臣和百姓。朝廷官员一旦被他们抓到，就会遭到严刑拷打。没有人能经受住那些酷刑，只能承认酷吏们早就编造好的"罪行"。靠着滥用刑法，酷吏们杀死了一批又一批无辜官员。这一天，他们把名臣狄仁杰抓进监牢。

狄仁杰是唐朝有名的元老重臣，也是一位有智慧有谋略的老人。在武则天一朝，他面对酷吏奸臣，耿直不阿，得到武则天的敬重，尊称他为"国老"。能在那个时代得到极高的地位，不仅因为他的正直能干，还因为他有睿智的头脑。被抓进监狱后，狄仁杰清楚这些酷吏平日的行径，为了求生，他从一开始就认罪，酷吏们说什么，他承认什么，口供放到面前，他忙不迭地按手印。酷吏们都说："看狄仁杰平日在朝堂威风凛凛，没想到是个软骨头，还没打就全招了。"于是放松了对狄仁杰的看管。

等到酷吏们放松了警惕，狄仁杰咬破手指写了一封血书，让来探监的儿子交给女皇。武则天看了后，明白了狄仁杰的冤屈，命人将他释放。君臣再度见面，武则天奇怪地问："爱卿，既然你没有造反，为什么要在造反的供词上画押？"狄仁杰说："如果微臣当时不画押，恐怕这把老骨头立刻就被打散，再也见不到陛下了！"

有道是"好汉不吃眼前亏"，狄仁杰面对酷吏的诬陷，还没等酷吏用刑，就首先承认了自己的"罪状"，然后再伺机寻找机会为自己伸冤。自古名臣难做，狄仁杰却在政治风浪中一再保全自己，这归功于他对现实清醒的认识：有些时候，达到目的需要矢志不移；有些时候，需要对现实做一些让步，以迂回的方式取得成果，这就是人们常说的变通。

我国名著《红楼梦》里，关于"忠臣武将"有一段有趣的描写，男主角贾宝玉很讨厌那些"文死谏、武死战"的名臣，说他们只顾邀一时之名，逞一时意气，糊里糊涂地死了，他们一死不要紧，谁来辅佐国君、保卫国家？贾宝玉说的话虽被人称为"傻话"，但仔细想想却很有道理，一根筋的人固然能让人赞一声有骨气、有勇气，可是从长远目光来看，他们只是得到了个人名誉，却远远没有解决实际问题。

在现实生活中，一根筋的人经常走进死胡同。他们最大的特点是认死理、咬定一件事就再不松口，一定要沿着认准的方向走，到了南墙也不回头。比起完美主义者，这是另一种形式的偏执，他们太过注重原定的目标，太过死板地执行原定计划，完全忘记变通这回事。他们忘记想要达到目的，认准一个目标固然是对的，但达到目标的方法有千万种，只认准一种方法死钻牛角尖，很容易导致功亏一篑。特别是在面对强敌的时候，硬碰硬看似豪气，关键是，你是鸡蛋还是石头，如果是石头，碰碰倒也不妨，如果是鸡蛋，只能粉身碎骨。

一个富翁胳膊上生了一个毒疮，家人都说这不是什么大事，找医生割一刀，再上点草药就能治好，可是富翁却想："身体是自己的，胳膊上生疮是一件大事，治得不好留下后遗症，难受的也是自己。"最后富翁决定找一个最好的医生医好毒疮。

他所在的村子有一个好医生，富翁看不起医生的学识，一定要去县里请一位有名的大夫。大夫来了，他又觉得对方年纪太大手脚迟缓，又要去京城请大夫。日子一天天过去，富翁的毒疮恶化，整个胳膊都抬不起来。

等到富翁已经起不了床，神医华佗被请到了村子。华佗看到他的疮之后连连摇头说："这种疮刚长出来的时候，只要割掉再上一个月的药，就没有大碍。现在要治至少需要三年才能好，以前给你治病的医生真是个饭桶！"富翁听了低下头，不敢承认他就是那个"饭桶"。

富翁生了毒疮，想要找全国最好的医生来医治才能放心。他对每个来看病的医生心存挑剔，任由这个毒疮继续生长，最后他找到天下最好的医生——华佗。华佗治好了他的病，也给了他一个评价——饭桶。为了一个好医生能够忍受自己的毒疮恶化，这样的人不能叫做精诚所至，只能叫饭桶。

"最好"是一个具有诱惑力的字眼，追求"最好"的人，也有点一根筋。一个人想要得到最好的成绩，证明他的智商；拿到最好的业绩，证明他的能力；有最好的生活水准，证明他的富有。至于穿最好的衣服证明品位，吃最好的食物满足食欲，找最好的医生保证健康，这都是个人的选择，无可厚非。但如果太执着于"最好"，不能具体问题具体分析，很容易把"最好"变成"不好"。

"最好"应该有一定的范围，例如，一个体操运动员在市里比赛取得了第一名，但和奥运会上的选手比起来，他还有很大差距，只要范围足够大，"最好"都会降级，变成"还行"。但对一个普通的体操选手来说，市第一已经是他能够拿到的"最好"。多数时候，"最好"应该是比较级，自己和自己比，有没有比从前更好。有些时候也可以是最高级，要求以自己的能力做到最好，只要不贪心不偷懒，选择一个合适的标准，任何人都可以做到"最好"。

一个开饭店的老板就要去世了，他不知道要把生意交给哪个儿子，就对三个儿子说："你们去后山给我摘几个果子，谁的果子好就把饭店留给谁。"

三个儿子连忙跑到后山，可当时正值数九寒冬，山里哪来的果子？大儿子和二儿子想向山里的居民买几个果子，偏偏那座山是座空山，根本没人住。两个儿子空手而归，只有小儿子看到梅树上梅花开得不错，折了一枝带给父亲，对父亲说："虽然没有果子，但在房间插朵梅花，赏心悦目，您的心情也会更好。"

父亲对儿子们说："如果客人在冬天想吃夏天的水果，你们买不到难道就不上菜？吃不到果子可以用其他方式弥补，做人不能一根筋，这个店只有交给老三，我才能放心。"

生活处处需要变通，脑子不会转弯的人总比别人慢一拍。因为生活处处有变数，今天订好的计划，明天可能因为意外更改，如果不能随机应变，就只有放弃或者停滞不前两条路，不论哪一种都与成功无关。一根筋式的执着又叫固执己见，这样的人听不进别人意见，看不到更多出路，他们眼前只有一条线，起点是自己的双脚，终点是自己的目标，哪怕这条线上有大山大河，大江大海，他也不会改变自己的决定。从某些方面，这样的人固然让人佩服，但从结果来看，明明有省力的方法却不用，这究竟是执着，还是犯傻？

很多一根筋的人不明白失败的原因不是他们努力不够，而是出发的方向有错，在错误的道路上投入精力越多，失去就越多，走得越远，就越偏离正确路线。在生活中，我们要警惕自己的一根筋行为，多做思考与尝试。我们不需要那么圆滑，但至少要知道前方有路就走，无路就赶快转方向。

移山不行就搬家，转弯是一种智慧

叶辉说他倒霉到了极点，做生意一而再再而三地失败，欠下了一笔又一笔债务。他的一位朋友劝他说："三百六十行，行行出状元，你一直在做快餐连锁店，加盟一家赔一次，为什么你不能想想其他方法？"

叶辉说："可是我从小就在父亲的快餐店里长大，我只会这些东西，而且我的梦想就是开餐馆。"朋友说："一块地，如果你种小麦种不出来，就要改种豆子；豆子不行，就种花生；花生不行，干脆种红薯！明知此路不通还要一次次试，你这不是犯傻吗？"

朋友好说歹说，终于让叶辉改了行，现在叶辉在经营一个手机专营店，据说生意不错。

叶辉的梦想是有一家自己的餐馆，可是他开的快餐店一次又一次失败，因此债台高筑。朋友劝他想点别的办法，不要在一棵树上吊死。叶辉在朋友的劝说下开始经营手机店，这次改行改变了叶辉的命运，他终于从破产边缘走上生财之路，他也终于明白三百六十行行行出状元，不要一门心思，一行不行，就换一行，总有适合的职业。

对于梦想，很多人都曾死心眼。他们希望将自己的梦想贯彻到底，为此不怕辛苦，不怕失败，不怕别人的嘲笑。这样的人被称为理想主义者，在他们眼中，理想高于一切。但如果这种理想并不适合自己，坚持理想就是在走一条弯路，甚至是一条错路。理想主义者想要追求他们的"尽善尽美"，认为只有坚持到底才能实现人生意义，他们没想过只要他们愿意转身，就能找到一条更适合自己、更能发挥自己价值的路。

人生就像一块土地，我们把梦想当做种子种进去，努力浇水施肥，等待发芽结果。可有的时候，种子不肯发芽，就算我们付出再多努力，现实都会无情证明，种子不适合种在这块土地上。这时，我们只能选择把玫瑰花种换成紫罗兰，把小麦换成水稻，或者把橘子树换成椰子树。仔细想想就算换了又如何？一样的美丽、一样的收获，我们的努力一样得到回报。

住持要用选拔的方式选一位关门弟子，传授自己毕生所学的智慧。通过弘法大会前的筛选，有十个年轻僧人进入最后的考核，最后的考核题目是在佛法大会之后对禅师讲自己理解的佛理。

第十位上场的和尚年纪最小、最具慧根，他很有信心能够得到禅师的认可，可当他听到第九位上场者说的话，他惊呆了，原来第九位上场者说出的内容和他想说的一模一样。冷静下来的小和尚很快想到，为了今天能够表现良好，他曾把今天要讲的内容写在纸上，讲坛上的人一定是偷了他的草稿！

抱怨无济于事，想要指责又没有证据，小和尚灵机一动，稳稳地坐回自己的位置。轮到他上场的时候，他自信地对禅师说："我们理解佛的理想要不出现偏差，就一定要有良好的记忆力，不可主观，不可妄断，首先我要向您证明这个能力，我将一句不漏地复述上一个人所说的内容。"说着小和尚就飞快地复述了第九个人说过的那些话，又在结尾处加上自己的新理解。禅师对小和尚的能力非常满意，当场宣布小和尚为自己的关门弟子。

禅师提出让想要当自己弟子的人讲授佛法，有人偷了小和尚的草稿上台讲演。小和尚想要指责别人偷了他的草稿，却拿不出证据，还很可能被认为是在诬陷他人。幸好小和尚的脑筋转得快，立刻上去说自己要展示记忆力，将自己的草稿复述一遍，再加了一些新见解。这是懂得转弯的人才能想到的处理方式。

我们都知道《愚公移山》这个故事，太行、王屋两座山挡住了村民的路，愚公立志要将这两座山移走，他认为就算自己年纪大，很快就要死去，他还有子孙后代，一代一代努力下去，总有一天会把两座山移走。现代人却提出不同的看法，为什么一定要搬山？搬家难道不是更好的选择？搬家的话，节省了人力和时间，能够做更多有意义的事，为什么要用有限的人力和两座大山虚耗？

沿着一条路一直走是一种坚持，发现路不对立刻转弯是一种智慧。当代有一位网络小说作家，在写过数篇网络小说后，突然发现他更适合搞出版，于是他挖掘作者，创办自己的图书公司，网罗了一大批中国新生代作家，成就了他们，也成就了自己。这样的"转弯"，难道不赏心悦目？想要做个有理想的人，首先要有足够的智慧找对自己的理想，发现自己的能力与理想不符时，果断放弃寻找更好的出路，这才是在追求真正的生命价值，这才是真正地想要提高自己、想要趋近完美之路。

你曾犯过同样的错误

新来的程序员脑子一根筋，出了错误只会按照常规方法检查，导致整个软件组的工作停滞整整半天。组长将新程序员一通责备，没想到第二天，他又出现了相同的问题。

组长向负责人递交报告，建议终止对新程序员的试用，另找新人。负责人说："好不容易才找个学识过硬的新人准备培养，怎么能说辞就辞？"负责人表示，他没有能力教导这么笨的新人，公司不是演兵场，出了错误就要负责。

负责人突然说："五年前，你刚来的时候，你是程序员，我是组长，我记得你也犯过这一类的错误，你都忘了吗？如果当时我辞退你，你今天还能站在这里跟我讨论辞退新人吗？"

组长听了也想起五年前的往事，五年前他不也是一个做什么错什么的新人，靠别人手把手教导，才成了公司的骨干？组长惭愧不已，不再提辞退的事，而是用更多心力教导新人。没多久，新人成了熟手，因为对组长的感激，也成了他的得力助手。

我们每个人都会苛求身边的人。对父母，我们一直在索取，却嫌他们不够了解自己；对爱人，我们希望得到更多的爱，总是埋怨对方付出太少；对朋友，我们总是认为彼此步调不能完全一致，做事总有分歧；对同事，我们认为他们不够真诚、太重利益……事实上，我们对父母没那么孝顺；对爱人没那么体贴；对朋友很难完全认同；对同事经常步步提防、苛求，就是在用自己做不到、做不好的事要求别人，这样的人，自己固然不能心满意足，也会让身边的人感到疲惫甚至厌烦。

美国有一本著名小说叫《了不起的盖茨比》，书中的一段话耐人寻味："每逢你想要批评任何人的时候，你就记住，这个世界上所有的人，并不是个个都有过你拥有的那些优越条件。"是的，每个人起点不同，条件不同，我们不能拿自己的长处苛求别人的短处。苛求就是要一个残疾人飞快奔跑，这不是善意提醒，这是强人所难，甚至是对对方的不尊重。

一个小男孩兴冲冲地回到家，昨天，他考试得了全班第一，爸爸给他买了十条美丽的金鱼。可当他冲进房间，发现鱼缸里昨天刚买的金鱼都被家里养的猫吃掉了。小男孩气得全身发抖，妈妈看到了这个情景，问道："你觉得这是谁的错?"

"当然是这只猫!"小男孩手里还拿着扫帚，想要教训猫。

"可是，你明知道猫吃鱼，为什么不在出门的时候把猫关进笼子?难道这件事没有你的责任吗?"妈妈问。见小男孩不说话，妈妈又说："不管出现什么问题，首先要考虑的是自己做错了什么，这才是认清问题、解决问题的正确方法。你打猫一顿，下次它还会吃鱼，你能做的就是下一次保护好这些金鱼，不在家的时候，要保证猫不能进入你的房间。"

当我们和别人有了摩擦，首先要在自己身上寻找原因，难道自己没有错吗？当我们发现别人的错误，如果能够想到自己曾经犯过类似的错误，自然会收敛脾气，温和地提醒对方。退一步讲，即使你足够完美，你也没有资格要求所有人和你一样，因为要求他人做超过对方能力或者对方根本不愿意做的事，本身就是一种错误。因为没有人有义务满足你。

不要苛求他人，对待他人的最佳方法是理解，最好的态度是包容。就算他人有了错误，也不要大惊小怪、耿耿于怀，难道你没犯过错误吗？当然，宽容也有限度，你不能无限制地宽容别人，要有自己的底线、自己的原则。在这个基础上，以友好的态度指点他人，为他人提供更多的意见，既是对他人的帮助，也完善着自己的人格和修养。要记住世界上没有十全十美的人，永远不要对别人说三道四。就像我国著名喜剧演员宋丹丹说的："我们必须包容别人的缺点，因为我们一路做了太多糗事。"

正视生命中的不完美

一个从农村转入城市高中的男孩正在做自我介绍，他不会说普通话，农村土话说得结结巴巴，词不达意。教室里的同学不由发出大笑，他窘得红了脸。

第二节课就是英语课，老师向新同学提问，男孩显然连最基本的英语发音都没学好，他按照题目造了一个句子，又引起哄堂大笑，男孩的脸更红了。

下课后，几个爱开玩笑的男生去和男孩打招呼，学着他的英语发音逗他开心，男孩用带了浓厚乡土气息的土话不卑不亢地对他们说："在我们村里，只有一个来支教的英语老师，他说他英语口语不好，只教给我们语法和阅读。我们那里没有收音机，听不到真正的英语。你们的英语一定很好，能教教我吗?"

看到男孩诚恳的眼神，几个男生收起了玩笑心理，从此以后，尽心尽力地纠正男孩的英语发音和普通话发音。一年以后，男孩的语言水平突飞猛进，一跃成为英语课堂的佼佼者。

农村转来的男孩不但说话带着乡音，难以和人交流，英语口语更是一塌糊涂。可喜的是，这个男孩不卑不亢，主动向那些嘲笑自己的人说明情况，希望他们帮助自己提高。一个人的态度往往能够决定结果，经过虚心请教和努力用功，男孩的语言能力飞速提高。

有时候，不完美只是困难的一种形式，只要正视它，就能战胜它。就像一块看上去毫无特点的山石，经过细心雕琢就可以成为一件艺术品；一粒不起眼的沙子，却能在蚌壳里被孕育成珍珠；一个人只要肯努力，完全可以把不完美转化为完美，就像安徒生童话里的丑小鸭，也有成为白天鹅、展翅高飞的一天。

有时候，不完美是生命的常态，你只能接受它。因为不论我们如何努力、如何追求，我们生命中都有太多不完美，这种不如意浸透了我们的日常生活。比如，早早起来，地铁却出现了故障；打重要电话时信号出现问题；考试成绩总与分数线差一分；喜欢的衣服并不适合自己……当我们做一件事没有达到想要的结果，或者没有以最佳方式达到这个结果，就会让我们产生"不圆满"的感叹。大大小小的不完美组成了我们的生命，谁也不是神，不能保证一切如自己所愿，唯有正视这些不完美，你会发现它们并不可怕。

在非洲，野生大象的象牙是高价的宝物，很多非法捕猎者驾车去草原追逐大象，开枪射击，然后割下象牙高价卖到国际市场。非洲象一天比一天少。

在一群大象中，有一只老象格外引人注目。现在的非洲象很少能活这么长时间，有小象问老象长寿的秘诀，老象说："我小的时候象牙被折断，一直以来，我没有象牙。"

小象惊恐地问："象牙被折断？那不是很可怕的事？"

老象说："没错，我们最引以为豪的东西就是象牙。我没有象牙，年轻的时候经常被人嘲笑，但是，就因为我没有象牙，才躲过了被猎杀的危险，活到现在。那些有美丽象牙的，早就已经死在了猎人的枪下。"

老象之所以比其他象活得长，是因为它的象牙从小就被折断，而那些曾经嘲笑过它的大象全都因为珍贵的象牙死在猎人枪下。有时候，不完美也是一种优势，它看似令人遗憾，却包含了莫大的福音。

如果有这样一个提名，让人们说出世界上最不完美的东西，很多人都会想到巴黎卢浮宫的断臂维纳斯，但这尊没有双臂的雕像仍然是卢浮宫的镇馆之宝，每天都有数以万计的游客想要一睹她的芳容。也许不完美才是真的美。

以更开阔的心态看待这个问题，何必在乎生命中的不完美？因为每个人的标准都不一样，你眼中的完美也许是别人眼中的不美，相反那些你不喜欢的东西，却是别人眼中的宝贝。"完美"本身就是一种主观概念，谁也不能评定，谁也不能垄断。你完全可以自信地说："即使有缺点，我依然很完美。"谁又能反驳呢？

人生短暂，我们没有那么多时间与精力打磨方方面面，让自己像抛光的钻石一样每个角度都有夺目光泽；也不能要求世界像自己希望的那样转动，甚至围绕自己旋转；当然更不能要求身边的人都要顺着自己的心意，因为每个人都有自己的想法。我们能够做的只是追求更好的生活，不那么逼迫自己，也不要放任自己，每天比昨天更进步一点，时时刻刻把握住生命的方向。也许我们不能让自己完美，但至少能让自己优秀，能让自己在活着的每一天都有新的想法、新的收获。

患得患失的人，总是得不偿失

一只夜莺住在国王的花园里，它的叫声婉转悦耳，国王每次听到它的声音，都忍不住赞叹说："这是多么美的声音啊，能够听到这样的声音，我真幸福。"听到国王的夸奖，夜莺非常骄傲，它认为自己是世界上叫声最美的鸟，所有人都会称赞它，喜欢它，就像那位国王一样。事实上，王后和大臣们也的确喜欢听它的叫声，他们和国王一样，经常赞美夜莺。

凡事总有例外，国王的女儿不喜欢夜莺的声音，她总是抱怨："那只鸟到底在叫些什么？它每天白吃白喝，还叫个不停，打扰我弹琴看书，真是一只讨厌的鸟。"

夜莺听了这样的评价很失落，它想向公主证明自己并非是一直讨厌的鸟，它每天都飞到公主窗前唱歌，希望公主有一天能喜欢上它。可公主被它的叫声吵到神经衰弱。终于有一天，公主命人将这只夜莺抓了起来，放进邻国的大山里，夜莺再也找不到回去的路，也再也没有一个人可以听它唱歌。

夜莺的叫声美妙动听，国王、王后和所有大臣都喜欢，可凡事总有例外，国王的女儿喜欢安静，厌烦这只叫个不停的夜莺。夜莺想用优美的歌声打动她，不胜其烦的公主只好命人将这只夜莺扔进深山——因为在意一个人的看法，夜莺失去了舞台，再也没有歌唱的机会。

故事中的夜莺明明拥有动人的歌喉，甚至拥有众多粉丝，但它却因为一个人的否定开始怀疑自己，这种心态叫做患得患失。"患得患失"这个成语出自《论语》，原意是没有得到的时候，害怕得不到，得到了以后又害怕失去。到了现代，这个词语的涵义更广，也泛指一个人会为某些事小心眼、斤斤计较不能开怀。患得患失是一种私人的、主观的感情，当一个人太过计较得与失，就会让自己忐忑不已，无法安宁。

患得患失的人最容易情绪化，他们不一定比平常人开心，却比平常人更加容易失落、暴躁、沮丧，因为他们的思维始终在得与失之间走钢丝，时而向左，时而向右，始终拿不定主意。别人脚下是宽阔的路面，他们脚下只有细细的线，所以总是精神紧张。面对一个问题，他们的反应速度很慢，不是因为他们不够聪明，而是想得太多，影响了决策速度，更有可能始终想不到究竟该拿哪个主意。

在大学当讲师的小刘是个英俊的小伙子，也有几分才气，最近他遇到了感情烦恼。两个条件不错的女人同时追求他。A小姐家境好，有个姨夫还是小刘学校的校长；B小姐很有能力，大学毕业三年就开了自己的公司。

小刘比较 A、B 二人的优点和缺点，B 是女强人，性格强势，A 却很温和，从来不和人生气争执；A 家的条件无疑好过 B，B 虽然事业有了小成，但今后发展不一定就好，娶了 A 的话，对他的工作也有好处……小刘比较来比较去，仍然不知道选哪一个，只好和两者同时保持暧昧关系。最后，A、B 二女发现了这件事，一人给了小刘一巴掌，同时和他结束了恋爱关系。小刘得不偿失，还落下个脚踏两船的坏名声。

小刘遇到了恋爱难题，他有两个追求者，两个女孩条件都不差，小刘与两人玩暧昧，时而觉得这个好，时而觉得那个能给自己带来更大益处。世界上没有不透风的墙，知道这件事的两个姑娘同时与小刘断绝关系。小刘好好的姻缘成了竹篮打水，还落下了坏名声。

反复权衡无法取舍，这是患得患失的另一种形式。特别是在面对选择的时候，我们用列表的形式来分析各个选项的益处、坏处，选了它能得到什么、失去什么，却发现每一个都很美好，每一个也都有不足，不禁哀叹为什么世界上没有完美的选项。有得必有失是人生常态，与其哀叹，不如赶快下定决心，先抓住一个再说，不要坐视机会溜走、后悔莫及。

也有人把什么事都考虑得周到全面，就怕有什么闪失。真到了事情发生，他仍在裹足不前，还在盘点计划有没有疏漏。这同样是患得患失，反映了这个人心里的胆怯，他没有办法坦然地面对"失去"，自然就希望能够万无一失地"得到"，但这种小心翼翼同样容易让他失去机会。至少，他的脚步只能跟在别人后面，无法当一个领先者。

想要得到的东西太多，或者总在盘点失去的东西，就容易把现在拥有的那部分也失去。这就是患得患失的危害。患得患失的人永远在计较一时，做不了什么大事。当我们为一件事踌躇痛苦，不妨告诉自己："果断一点吧，人生有得有失，但不能患得患失。"

不要用他人的标准评价自己

一位作家出了几本小说大受欢迎，其中一本还被导演看中，改编成电影。作家立刻成了县城里的名人，很多人出于忌妒开始造谣中伤作家，给作家虚构了许多罪名，比如，说作家不孝顺母亲，说作家在外有小老婆，说作家的作品是找了枪手的代笔作品……作家的儿子很气愤，质问作家为什么不在媒体上澄清这些事，作家说："我为什么要和他们吵架？"

"不是吵架，是要争个是非曲直，没有的事就是没有。"

作家说："如果有一天，所有人都说你屁股上长了一条猴尾巴，你怎么办？你是不理会他们，还是在他们面前脱下裤子？"

见儿子不说话，作家又说："同样的道理，他们说他们的，你做你自己，不需要因为别人说了什么影响自己的心情，'不理会'就是最好的反击。"

不论在哪个时代，哪个国家，成功人士身后都会出现红眼病，对成功者大肆诋毁。故事中的作家也遭遇了这个情况。睿智的作家知道，诋毁的人不会因为你的一封声明信就放过你，他们只会叫得更来劲，不能自降身份和他们对骂，否则丢脸的是自己。

不是所有人都有这位作家的智慧。更多的人很在意别人对自己的看法，身边的人一句评语，就能想上半天，总希望自己能够符合别人的标准，得到别人的赞美。太过在意评论的声音是一个危险的信号，那说明你的生活重心不再是你自己，而变成了别人，你也许会为了迎合他们改变自己，也会因为别人的一句不满让自己难过失望。情绪是自己的，在乎别人评价的人却把情绪的绳子交到别人手里，由别人控制。

太过在意别人，自己的幸福感就会随之打折。比如升职加薪是件高兴的事，突然发现同事升的职位比自己高，心情难免不愉快；装修了新房子很有成就感，突然发现邻居家的房子更加气派……当我们满足的时候，一旦和那些条件更好的人比较，不禁充满失落，一瞬间喜悦全都消失了。用他人的眼光评价自己，难免产生迷茫，不自信，甚至自我否定。

有一匹枣红色的小马生下来就有三只眼睛，它在旁人异样的目光中长大。每当其他马带着嘲笑说起它的眼睛，它就觉得异常痛苦，而马群对它的排挤，又让它找不到自己的位置。

终于有一天，小马向神灵祈祷，希望仁慈的神灵能够将自己变成两只眼睛的正常的马。神灵再三要它考虑清楚，小马坚决地说："我想清楚了，我一定要变得和其他马一样！"神灵只好答应了它的要求，将小马的第三只眼收回。小马在马群中过上了正常的生活。

没想到半个月以后，有一支风尘仆仆的军队来到草原上，他们到处询问："听说这里有一匹三只眼的枣红马，那是天马下凡，我们奉国王的命令请它回去做国家的至宝，那匹三只眼的马现在在哪里？"小马听了后悔不已，它竟然没有意识到，有第三只眼睛正是它与众不同的地方。现在，它只能看着那支军队徒劳而返，自己也要在草原上过完平凡的一生。

有时候我们难免用社会的、他人的标准来要求自己，认为大家都做的事就是最正确的，至少是没有太大差错的，即使自己有了"出格"的想法，为了不引起旁人的攻击，默默"改正"，却不想想也许这正是自己高于别人的地方，正是自己能够发掘的价值。不知有多少个性、才华就在弃异求同中被埋没。

高考前，一个女孩想要报考冷僻的图书馆管理专业，亲戚们纷纷说现在的图书馆都是"内部消化"，根本没什么对外招聘的机会，报考这个专业意味着毕业就会失业。

女孩对未来工作有自己的看法，她说："我并不是对它没有了解就胡乱选志愿，我喜欢这个专业，这是最重要的。"在众人的反对下，女孩仍然坚持了她的最初志愿。四年后，女孩在找工作时的确遇到了很多麻烦，但她还是凭借优秀的成绩在一家图书馆找到了工作，每天与她喜爱的书籍打交道，生活得非常开心。

从众是不是一定正确？这个问题的答案，仁者见仁，智者见智，特别是在一个人还没有完全的判断力和独立性时，很容易会被他人的意见操控。可是人生的路是自己的，帮你出主意的人不能替你走，有了问题他们也不能替你扛，如果后来你觉得不如意，只能怪自己盲从他人。所以凡事还是要有自己的主张，你觉得对的别人也许都在反对，别人说的对的却未必适合你，生活只能靠自己选择。

他人不是模板，我们的生活不需要套在他人的思维里。生活的好坏来源于自己的判断，符合我们心意的，才能给我们真正的快乐。不必为他人的一个眼神苦恼，也不必为他人的一句否定心烦。认真审视自己，确定自己究竟需要什么，如果别人指出的是缺点，向别人道谢，改掉它；如果你认为那正是你的与众不同之处，向别人道谢，继续走自己的路。有时候我行我素，也是通往收获的必经之路。

痛苦不会永远存在，再苦也要笑一笑

语文教材上有一篇课文叫做《一碗阳春面》，这个故事令很多人记忆犹新。

大年夜，面店即将打烊，一位母亲带着两个儿子点了一碗阳春面，三个人吃得很开心。第二年依旧如此。第三年，三个人依然在大年夜来面店，点了一碗阳春面。在他们的谈话中，老板得知，这个家庭的爸爸出车祸去世，生前欠了一大笔债；母亲每天省吃俭用，两个儿子一个送报纸，一个承担全部家务，让母亲能够安心还债。在这艰难的几年，母子三人虽然辛苦，但仍然能够互相体谅，互相支持，过年的时候，三个人一起吃一碗阳春面当做庆祝，也不觉得苦。这种坚强感动了面店老板，也感动了千千万万听过这个故事的人。

《一碗阳春面》这个故事曾让我们动容，大年夜，母亲和两个儿子三个人同吃一碗面条，吃得津津有味。贫穷的生活不能磨灭他们互相扶持的快乐，也不能浇熄他们心头的希望。一年又一年，面条的数量变成两碗、三碗，他们的债务还完了，生活变好了。他们用笑脸向人们证明，苦难是可以战胜的，生活应该永远充满活力和阳光。

　　第二次世界大战结束以后，作为战败国，德国首都柏林成了一片废墟，有人预言想要重建至少需要 50 年以上。一位记者去柏林做采访，惊奇地发现在断壁颓垣间，人们在阳台上摆放了盆盆鲜花，这位记者断言："这真是一个强大的民族，它的复兴指日可待！". 鲜花所代表的是一颗颗热爱生活的心灵，那些鲜花的主人不会对着废墟哀叹，他们更愿意从这一秒开始装点自己的阳台，重建自己的家园。在生活面前，你没有时间浪费，想要把握未来，就要争分夺秒让自己开朗一些，积极一些，哪怕你能做的只是在阳台上摆放一盆鲜花。

　　微笑就是心灵的鲜花，它透露的是幸福的意愿。哲人说痛苦能够孕育幸福，因为在痛苦中，人们会深刻地察觉到来自内心深处的坚强，会极大激发自己的潜力，那些在你痛苦时愿意安慰、扶持你的人，让你看到真诚。所有的痛苦都是一场磨难，跟随它的并不是万念俱灰，而是由此对生命有了更深的感触。而且，痛苦不会永远存在，它会被信念征服。

　　心理学家曾给他的患有抑郁症的病人开过一个药方，这个药方据说百试百灵，他对病人说："如果你觉得苦闷，每天起床后，都要假装自己是一个快乐的人。"

　　一个家庭妇女起床看到成堆的家务，对自己说："我是快乐的。"然后洗衣做饭擦地板，等到所有的事都做完，得到老公和孩子们的称赞，她突然觉得自己没有必要因家务太多沮丧。

　　一个高考三次失利的复读生将"我很快乐"的纸条贴在墙上，每当复习的时候就对自己说："我今天又多做了两套卷子，我今天又少做错一道题……"他在一年后考上理想的大学。

一个正在为求职烦恼的专科毕业生，每次去面试之前都对自己说"我很快乐"，尽管他面试的几十家公司都没有接收他，他依然保持笑容。最后，一家大酒店因为他开朗的笑容，聘请他做前台服务员。

痛苦不会永远存在，相信自己快乐的人就会拥有快乐。

热爱生活的人懂得微笑的意义，有时候笑容并不代表幸福，悲哀到极点的人会露出绝望的笑，明明难受还要逞强的人会露出苦涩的笑，对难题毫无办法的人会露出无奈的笑……但是，只要他们还愿意露出笑容，就意味着在他们心里有一个安宁的角落，安抚他们过于激动的情绪，阻止他们失控。人们常说笑比哭好，因为眼泪代表一个人对生活的投降，而笑容即使不能代表胜利，也代表与生活的言和。

生活常常给予我们痛苦，但只要我们足够坚强，总能在痛苦的重压下重新站起来，寻找自己的快乐。不必诅咒生活，也不必埋怨自己的不幸，人有悲欢离合，这就是人生。以一个微笑与生活握手言和，感谢它给你带来的快乐与不快乐，因为你还活着，还拥有希望和勇气，还能够创造属于自己的未来。

好的心态决定好的生活

一个法国青年想去瑞士留学，他醉心于网站上瑞士的湖光山色，经常夸奖瑞士是世界上最美丽的国家，并深深为自己不是瑞士人而懊恼。

一位教授听说了这件事，找到他问："听说你想去瑞士留学？你是哪里人？"

青年说："我是昂贝松人，那里糟透了。"

"你以前在哪儿上学？"

"我在巴黎上过学，那是个虚伪的城市，糟透了。"

"你觉得你现在住的马赛怎么样？"

"马赛糟透了，它的名气都是靠别人吹起来的。"

"你不用去瑞士了。"教授说，"我是瑞士人，我可以向你保证，去了瑞士，你一样会觉得那里糟透了！"

哲人说："你寻找什么，就得到什么。"这句话不是故弄玄虚，而是在说明心灵对认知的影响。当一个人看到什么都觉得"糟透了"，说明他看待环境的眼光出了问题，只要反复观察环境的缺点，哪一个地方不是"糟透了"？就像在生活中，我们总是看到那些盯着琐事不放的人，

1 和负面心态断、舍、离 / 033

他们的生活很少有快乐，因为一点小事就能让他们说："太糟糕了。"他们不知道，决定生活质量的并不是环境，而是一个人的心境。

人的日常生活质量到底由什么决定？一定的物质基础，这是必须的。一定的娱乐消遣，这也是必要的。和睦的家庭、邻里关系，这是要素之一。但最重要的还是一个人的心态，这个人是否对生活感到知足，是否能在简单的活动中得到快乐？有时候一颗懂得满足、善于发现乐趣的心，比任何东西都重要。

秋天到了，森林里的动物忙着为过冬储备食物，蚂蚁成群结队地去田地搬运掉落的麦穗，猴子摘果子堆进山洞，熊忙碌地在河里抓鱼吃以积累自己厚厚的脂肪。燕子们也准备飞往南方。一只老鹿对一只燕子说："你们燕子只能在南方过冬，真可怜，每年都要飞那么远。"

燕子说："我们燕子只适合温暖的气候，天一冷就必须飞到南方。但我们不觉得自己可怜，我们虽然每天都很辛苦，还经常遭遇其他鸟类的袭击，但是，我们沿途可以看到很多你们看不到的景色，听说很多你们听不到的事。比起在原地睡觉，我们更喜欢在旅行中度过我们的时间。每到秋天，我都会因为即将出发而感到快乐。"

在自然界，动物们的生活习性不尽相同，有些动物习惯定居，有些动物酷爱迁徙。天一冷燕子就飞往南方，对它们来说，这是难得的旅行，让它们的生命更加丰富。即使在其他动物看来，一连几十天的飞行太过辛苦，燕子却对这样的辛苦兴高采烈。

心境不同，对事物的看法也会不同。古时候，孔子曾夸奖他的弟子颜回："一箪食，一瓢饮，在陋巷，人不堪其忧，回也不改其乐。"颜回的心态就是人们常说的"安贫乐道"，物质条件恶劣改变不了他的好心情，粗茶淡饭也能乐在其中。在现实生活中，人们所面临的困难也许不是贫穷，而是失意、低微、挫败等各种不顺心。想要好的生活并不容易，这个时候人的性格就会发挥巨大的作用。

好的性格能够带来好的心境。一个乐观的人看事情往往光明积极；一个善良的人愿意理解他人，对弱者充满爱心；一个诚实的人就像澄净的水，从不亏心；一个勇敢的人敢于面对挑战，从不动摇意志……与此相反，消极的人认为世界暗无天日；恶毒的人总觉得有人要害自己；奸诈的人总怕自己被骗；软弱的人经不起打击，随时都会跌倒……一个人心境不好，很难得到高质量的生活，只能在苦闷与怀疑中日日煎熬。

好的心境能够决定好的生活。心境好的人，常常会有好心情，当一个人长期处在一种愉悦自然的状态下，就不会被迷茫、焦虑、忧郁等情绪困扰。倘若你希望自己拥有一种好的生活，就不要错过每一件让你开心的事，即使有烦恼，也要尽快让自己开心起来，让心灵在阳光下怡然自得，体味每一天的丰富多彩。

② 和负面情绪断、舍、离

没有健康的心理，就没有健康的人生。不如意大多来自心灵失衡，当人们陷入烦恼情绪不能自拔时，会生出悲观愤怒等种种念头，轻则让人心灰意冷，重则使人一蹶不振。

切断消极，抛离焦躁，舍弃盲目，根除烦恼症结，别让坏情绪谋杀你的心灵。

没有人愿意欣赏你抑郁的脸

布兰达是巴黎话剧团的知名喜剧演员，在十几岁的时候，他就能将莫里哀的著名喜剧表演得出神入化，令观众捧腹大笑。在日常生活中，他同样是一个幽默开朗的人。

记者参观他的房间时发现，布兰达的盥洗镜旁放了一张与镜子等大的照片，照片上的布兰达一脸郁闷。布兰达说："每天起床我都会先看一眼这张照片，告诉自己'没有人愿意欣赏你抑郁的脸'，再照镜子的时候，我会努力让自己的表情开朗、朝气，这样别人才能知道我是个快乐的人，而不是倒霉蛋。"

人们常说："人生如戏"。多数人的人生是一部正剧，悲喜交加，苦辣参半；部分人的人生是一幕悲剧，作茧自缚，惨淡收场；只有极少数人将自己的人生当做喜剧，他们很少会悲观绝望，总是愿意相信未来，相信幸福是人生的本质。即使生活平淡，他们也会用笑脸来装点，愉悦自己鼓励他人，就像故事中的喜剧演员布兰达，每天都对自己说："没有人愿意欣赏你抑郁的脸。"的确，一张面带微笑的脸，比一张写满失落、不满、悲观的脸更有吸引力。

抑郁是常有的情绪，人们常常因为某些原因心灰意懒，做什么事都提不起劲，一旦严重还会发展为抑郁症，需要药物治疗和心理调节。扣郁的人容易食欲不振，睡眠质量减退，思考事情时难以集中精力，缺乏行动力和自我调节能力，这些都极大地影响了人们的正常生活。染上抑郁症，就像心灵绑住了链条，做什么事都觉得有压力。

现代医学研究发现，很多疾病都与人的心情状态有密切关系。当一个人长期处于情绪低落状态、生活在抑郁的情绪中，很容易没病生病，小病成大病。这就是为什么当医生发现一个病人的病情很严重，宁愿选择部分隐瞒，只为让病人有一个轻松的心态，有利于病情的控制。医生明白心情虽然不能决定病情的好坏，却有很大的暗示作用，有时直接影响治疗效果。

张杰是上海一家 IT 公司的优秀销售员，最近刚刚辞掉工作，他说他需要一段时间仔细思考自己的人生。

对于张杰来说，每天早出晚归的生活让他喘不过气，每天在车站和车站之间奔波，不断对客户施展三寸不烂之舌，思考对手公司的策略，签下合同，刚松一口气，又要忙下一个单子。女朋友抱怨他只顾工作，他只能低声下气地道歉。而今他的事业有了起色，不少公司都对他伸出橄榄枝，猎头们争相给他打电话，他却被日复一日的琐碎之事弄得委靡不振。

毕业的时候，张杰认为凭借自己优秀的能力，一定会有一番辉煌成就。三年后的今天，张杰第一次认为自己应该重新规划人生，他想生活在更充实的氛围中，而不是睁开眼就面对一连串的抑郁。

大仲马说，人生就是由烦恼组成的一串念珠。像张杰一样，现代人经常为生活中的琐事烦恼。佛家规定念珠有 108 颗，人生的烦恼远比 108 要多得多，人们数一遍，还要数第二遍、第三遍，难怪张杰这样的人会陷入忧愁。他们认为人生只有烦恼，为生活烦恼、为事业烦恼、为恋爱烦恼……他们看到了念珠数目繁多，却没看到这些珠子能够被心志磨砺得圆润光滑，很容易就在眼前手间溜过。

抑郁还有另一个说法："自己和自己过不去。"喜欢为难自己的人总有办法把生活想复杂，把困难扩大，把失望加深。这种负面的心理暗示会让一个人的情绪越来越不稳定，也会影响他周围的人，让其他人也跟着厌烦，跟着纠结，甚至跟着绝望。人们常说："那个人整天拉着脸，像谁欠了他几百万。"抑郁的人像个债权人，好像全世界都欠了他，而对于周围的人来说，他们并不喜欢身边有个债主，他们更希望身边有个满脸微笑的人，让他们能够放松，不必整天小心翼翼，害怕产生矛盾。

舍弃抑郁看似困难，其实所有的抑郁都是因为"想不开"，抑郁的人让思维钻进牛角尖，看不到事情的全貌，不去想事情可能很简单，失望里也有希望。他们不会努力发掘事情积极的一面，当然也就看不到解决的可能。有时候他们甚至会把正常的事看做烦恼的来源。比如，当大家都在为工作奔波时，抑郁的人认为工作是种压迫，限制了自己的才能，掠夺了自己的劳动力。当他们苦苦思索如何摆脱这种压迫时，那些积极努力的人已经升职加薪，把工作变成了事业。由此看来，抑郁百无一用。

一位社会学家对长寿问题进行调查，发现性格是否开朗与寿命长短有直接关系。调查结果显示，长寿老人中 80% 以上性格乐观，很少有孤僻者。的确，在公园里看到的那些长寿老人，养鸟钓鱼，喝茶下棋，练气功排舞蹈，每个人都有张怡然自得的笑脸。他们的人生也许并不顺心，但他们懂得，比起一个人坐在昏暗的屋子里发愁，尽情享受有限的生命，才是人生的真谛。

愤怒的时候，你更需要冷静

莎士比亚的名著《奥赛罗》，讲述了一个关于愤怒的悲剧。

奥赛罗是一位战功卓越的将军，他有一个美丽善良的妻子苔丝狄蒙娜，夫妻恩爱。有个叫伊阿古的人忌妒奥赛罗，假意成为奥赛罗的好朋友，却在找机会想要除掉奥赛罗。他挑拨奥赛罗和妻子的感情，诬陷苔丝狄蒙娜与人有染。奥赛罗在伪造的证据前怒不可遏，冲回家亲手掐死了深爱的妻子。

真相很快大白，奥赛罗抱住妻子的尸体悔恨不已，最后拔剑自刎。

千百年来，《奥赛罗》这部戏剧不断被搬上舞台，观众们憎恨包藏祸心的伊阿古，同情纯洁无辜的苔丝狄蒙娜，对奥赛罗，感情却很复杂。有人理解一个深爱妻子的男人在忌妒和愤怒之下铸成大错，杀死了心爱的妻子。有人责怪奥赛罗不能克制怒火，为什么要轻信谎言，而不是立刻调查一下事情真相——伊阿古说的只是容易拆穿的谎言。有人哀叹如果奥赛罗愿意听听苔丝狄蒙娜的解释，多一点理智，少一些愤恨，就能知道真相，迎接皆大欢喜的结局。最后所有人都感叹："冲动是魔鬼。"

人在愤怒之下容易盲目，怒火中烧的人没有理智可言，很小的事也会导致一起刑事案件。报纸上曾报道，在一家网吧，几个来上网的大学生正在组队玩网游，因为对游戏的结果不服，其中两人从电脑旁站了起来，恶言相向，最后大打出手。有个人拿出一把水果刀插进另一个人的心脏。受伤的人经抢救无效而死亡，而伤人的学生也将面临法律的严惩。如果当时有一方能够压下怒火，讲几句道理，或者退一步，让一下，这幕惨剧就不会发生。

为什么人在愤怒的时候特别容易失去理智？因为当一个人的火气被撩拨，全身的细胞都处于亢奋状态，急需一次发泄，这个时候人们就会急不可耐地寻找情绪突破口，没有时间思考"发泄的后果是什么"、"为这件事值得发怒吗"。人们常说"忍不住怒火"，其实是不想忍，不懂怎么忍。不能克制怒气有极其严重的后果，小则肝火上升，影响健康，大则酿成灾祸，所以人们都说"小不忍则乱大谋"。

小何和小王是一对新婚夫妻，小何脾气不好，小王也是父母宠坏的娇娇女，两个人经常爆发争吵。有一次两个人吵架升级，开始闹离婚。小王一气之下回到家对自己的妈妈说："日子过不下去了，我要和他离婚。"母亲说："亲戚家的孩子今天满月，我要去吃饭，你明天过来，我们详细谈谈这件事。"

第二天，小王怒气冲冲地又回了娘家，对着母亲细述小何的错误。母亲说："你阿姨身体不舒服，我要陪她去医院拿药。你明天过来，我再和你谈这件事。"

第三天是个周末，小王起床时，发现小何正在给自己做早餐，突然觉得小何其实不错，夫妻磕磕碰碰在所难免，用得着离婚吗？这一天，他们和好如初。晚上，小王母亲打来电话问："现在我有空了，我们来谈谈你离婚的事。"小王不好意思地说："没什么大事，妈你别担心了。"

小王的妈妈是一位人生经验丰富的长者，面对女儿的牢骚抱怨，她没有规劝，当然也不会火上浇油，她采用一种"冷处理"办法，以各种各样的理由把女儿晾在一边，让她自己去考虑、权衡、消化。没过几天，小王的怒火一过，看到丈夫的好处，自然不会再想离婚。不管愤怒的原因是什么，也不管怒气冲天时人们有多少抱怨，当静下心来自己思考，曾经发怒的人都会和小王得出同样的结论——"没什么大事"。

我们发怒的原因大多不是大事，如果纵容自己的怒火，结果倒可能成为一件令所有人不愉快的大事。即使在愤怒的时候，也要用理智划一条警戒线，才不会酿成大错，追悔莫及。忍耐的秘诀在于"最初一分钟"，怒火上升时，你需要冷静，再冷静，告诫自己要忍耐，"忍耐一分钟就可以"，竭尽全力忍下最初的一分钟，那么你就可以忍下两分钟、三分钟、五分钟、十分钟……怒火渐渐被理智压制，人的头脑也在这个过程中变得明朗。比起事情的完美解决，一时的气愤又算得了什么？俗语说，忍得一时气，安得百年身。

音乐厅里正在为即将到来的演出排练。也许是天气太热的缘故，演奏者们不时出现失误，让急脾气的指挥越来越烦躁。一次不完美的合奏后，指挥终于开始发火。

指挥首先指责小提琴手弹错一个音，大骂对方是饭桶；大提琴手没有及时领会他的意思，他大叫这个人不配进乐队；鼓手的配合出了问题，他指着鼻子让人家滚蛋……排练席上的音乐家不满地瞪着指挥，火气渐渐酝酿。

看到气氛不对，醒悟过来的指挥突然对演奏者们鞠了一躬，歉意地说："对不起，昨天我的孩子高烧进了医院，我心情不好，迁怒各位，请你们原谅我。"音乐家们正在上升的怒火瞬间被熄灭，继续心平气和地练习曲子。

故事里的这位指挥同样是个懂得观察的人，当他发现人们的怒火马上就要爆发，立刻管住自己的情绪，向大家道歉，取得他人谅解，消弭了一场风波。我们可以设想一下，倘若这位音乐家不道歉、不和解，他的形象就会在众人心目中大打折扣，乐手们也许会把对他的情绪发泄在演出中，下意识排斥他的指挥，导致整个演出的失败。

面对怒气，不论这怒气来自他人还是来自自己，都要及时察觉，及时制止。发怒的时候，也要争取顾全大局，就像英国哲学家培根所说："无论你如何表示愤怒，都不要做出无法挽回的事。"

人比人气死人，忌妒让幸福生活失衡

我国经典名著《三国演义》中，吴国大将周瑜的形象深入人心。周瑜年轻有为，有雄才大略。孙策临终对孙权说："外事不决问周瑜，内事不决问张昭。"可见他在吴国的重量。可在小说中，这位大将却因为忌妒诸葛亮的才智，导致了最后的悲剧。

周瑜几次想谋害诸葛亮，却被诸葛亮用才智化解。每一次失败，都加深了周瑜对诸葛亮的忌妒。诸葛亮通过借荆州、帮助刘备娶孙夫人、识破周瑜夺取荆州的计谋，"三气周瑜"，导致周瑜旧伤发作而亡。这位本该成为吴国支柱的才俊死前长叹："既生瑜，何生亮！"

"既生瑜，何生亮"是《三国演义》里最有名的一句台词。尽管正史中的周瑜与小说中的形象截然不同，既没有忌妒诸葛亮，也没有说过这句话，但小说中的故事仍然可以给我们以启迪。假设周瑜不因盲目的忌妒屡次针对诸葛亮，而是把目光放长远，把精力放在增强吴国国力上，不但孙、刘联盟可以维持较长时间的和平，齐心对抗曹操，他本人也不致旧伤发作身亡，英年早逝。一位有如此才华的大将因忌妒之心蒙蔽而失去性命，临死前还在哀叹自己不能赢过对手，真让人无奈，也让人警醒。

同样是忌妒，战国时期也有一个著名的故事，庞涓和孙膑同跟鬼谷子学习兵法，后来，在魏国做大将军的庞涓忌妒孙膑的才能，将孙膑骗到魏国，然后陷害孙膑，使孙膑被挖去膝骨成为废人。后来孙膑逃出魏国去了齐国，在马陵之战大败庞涓，使庞涓羞愧自杀。庞涓整日担心孙膑的才华会威胁到自己的地位，一心要除掉孙膑，最后不只孙膑受到了伤害，自己也落得兵败自刎的下场，可见忌妒害人害己，古往今来，不知多少人因它而走上不归路。

忌妒是吞噬人心的魔鬼，能够扭曲一个人的心态，让善良的人变得阴险，让理智的人变得盲目，让开朗的人变得阴郁……忌妒像毒芽一样，一旦生根就很难拔除，而人在忌妒的支配下，不但令自己坐立不安，眼睛只盯着忌妒的对象，满脑子都是自己与对方的差距，还容易做出伤害他人的事，给自己和他人带来巨大的损失。

林洁是个心理医生，在一所高校做心理辅导工作。这天她的姐姐突然告诉她，外甥女小西最近学习状态不对。晚上，林洁去了姐姐家，和小西进行了一番长谈。

最近，正在读高二的小西成绩直线下降，以前总能排到班里前十名，前天的考试只考到第三十名。小西说她每天上学都非常紧张，因为她的好朋友小锦门门功课都很优秀，每次都排在班上前三名，做数学题总是比别人快上一拍，为人又很刻苦。小西每天回家后都会想小锦在做什么，小锦每天学习到几点钟，久而久之，弄得自己心烦意乱，根本无法复习功课。

林洁安慰小西说："忌妒是每个人都会有的情绪，为什么你不从另一个角度思考这件事？小锦和你是好朋友，好朋友有了成绩，你不应该开心一点吗？小锦和你做好朋友，不也证明你也是个优秀的女孩子吗？有小锦这么聪明的朋友，有什么疑问都可以让她帮助你，不是会更快地提高成绩吗？"

经过林洁的开导，小西冷静下来，很快恢复了平和的心态。一个月以后的月考中，小西的成绩虽然还是没有小锦高，但她一下子从第三十名考到第九名，让老师和同学们大吃一惊。

不论孩童还是老人，每个人都有忌妒之心。忌妒来源于人与人之间现实的差距，也来源于一个人不健康的心态。小西因为忌妒自己的好朋友，分散了精力，成绩严重下滑。经过林洁的心理开导，小西重新找回了对自己、对朋友的定位，也重新找回了生活的重心。

哲人说："忌妒就是拿别人的优点来折磨自己。"现实生活中，看似比我们优越的人比比皆是，我们可能会忌妒他人的美貌、他人的成绩、他人的幸福家庭……因为自己没能拥有，或者拥有的东西不能使自己满意，只好去忌妒别人。

忌妒根植在人们的内心世界，有人愿意将这种感情转化为羡慕或敬佩，有人则任由它发展为敌视与不平。人一旦被忌妒蒙蔽双眼，就会忽视现实，一味沉浸在攀比的情绪中。与其忌妒别人的拥有，不如先在自己身上找一找原因。忌妒是对他人优越性的敌意，那么他人为什么会比自己优越？自己究竟差在什么地方？只要掌握好忌妒的限度，忌妒也可以成为一个成功的契机。当你面对一个优秀的人，不可遏制地心生忌妒，不妨把这种忌妒之情化为前进的动力，以那个人为目标，催促自己前进。要相信他人能做到的事，你也一定能做到。

武装自己，你的名字不是脆弱

左宗棠是晚清时期的大臣，当他升为闽浙总督后，位高权重，总有人在他身后说三道四。这时候，左宗棠不但不计较人们的议论，还会主动与那些对他有意见的人开诚布公，解释误会，让更多的人了解他，接受他。但了解他的人都知道，从前的左宗棠并不是这个样子。

年轻时候的左宗棠家里贫困，而且左宗棠是汉族人，初入官场时经常遭受满族同僚的白眼。面对旁人恶意的非议，左宗棠没有沉默，他从不退让，总在第一时间反击。久而久之，大家都知道这个年轻人不好惹，没有人敢得罪他。在困境中，左宗棠始终守着为人的尊严，才等到成功的机会。

孟子说："富贵不能淫，贫贱不能移，威武不能屈，此之谓大丈夫。"出身贫贱的左宗棠并不因为身份的寒微看轻自己，奉承别人，靠取悦上级、同僚作为晋身的资本。相反，他对轻视他的人做出有力的反击，告诉所有人尊严的力量，然后用真才实干使人信服、敬佩。每个生命都有一个由小到大、由弱到强的过程。当我们还幼小、软弱时，也不能轻视自己，要随时随地维护自己的尊严，只有这样才能战胜困难，赢得他人的尊重。

每个人都有脆弱的时候，脆弱也许来自对自身条件的不自信，也许来自他人恶意的议论，也许是一次不幸意外的打击，也许来自现实中的一次失败。人在脆弱的时候就会失去意志力，进而否定自我，否定自己长期的努力。成功者和失败者的不同在于，遇到挫折，成功者会追本溯源，一定要找到失败的原因；而失败者则认为一次失败就说明此路不通，再走也是失败，这就是经不起打击的脆弱心态，只有战胜它，才能真正强大起来。

真正的强大是什么？是在困难面前敢于站起身来，宣布自己能够成为胜利者，而不是在逆境面前低下头，哭泣着对别人诉说自己的不幸与上天的不公。事实证明，条件不好的人能够战胜自身的心结，通过努力得到成功。那么优秀的人是不是全都拥有强大的自信、在任何时候都能坚强勇敢？答案是否定的。事实证明，越是一帆风顺的人越脆弱，因为生活太过平稳，他们经不起风浪和打击，一有风吹草动，就像霜打的茄子。太过脆弱的人甚至会因为一些鸡毛蒜皮的原因结束自己的生命。

　　林宏生长在西北的一个小村，他以优异的成绩考入县内最好的高中。三年里，他的成绩名列前茅，所有老师都夸他是个尖子生，以后一定能考进清华、北大，他也习惯了每次考试都拿第一。高考后，他忐忑地等待着录取通知书。

　　可是，几星期过去了，他的同学都拿到了录取通知书，只有他报考的学校没有任何消息，绝望的林宏跳进了村边的小河，幸好被人救了起来。经过查证，是邮递员将林宏的录取通知书送错了地方。一位一直喜欢林宏的老师对林宏说："你没出事就是好事，但你要记住，每个人都要经历挫折，如果只因为一次失败便要跳河，有更大失败时你要怎么办？以你现在的心理素质，即使进了大学也很危险。在大学，你的同学是来自全国各地的天之骄子，比你更优秀，你难道还要跳河吗？"

　　故事里的林宏，因为成长道路一帆风顺，没有经过任何打击，也就没有相应的承受能力。没有收到录取通知书，他连去查明真实成绩的勇气都没有，就选择跳河。林宏这样的人有很多，他们看似优秀，看似有才能、有资本，但因为心灵的脆弱，一旦有了挫折，他们的优秀就会风吹云散，支撑不了他们自己的信念，这样的人看似拥有很多东西，其实却一无所有。

　　每个人都有软弱的理由，每个人都会流眼泪，关键是软弱之后、流泪之后人们如何自处，是从此一蹶不振，还是奋起直追？有些事值得我们流泪一时，但没有什么值得我们流泪一生，因为生命的意义在于未来，只有真正的弱者才没有勇气面对未来，才会放弃寻找希望。

　　一条货船和一条废弃的帆船在海上相遇，货船问帆船："你为什么孤零零漂在海上？"

　　帆船说："我本来也是一条货船，有一次遇到海上风暴，我被船长和船员们遗弃，只能漂在海面上。遇到我的人都以为我是一条破旧不堪的船。"

　　货船大声说："你为什么这么软弱？难道别人说你是一条破船，你就真的破了吗？现在你就跟着我，回到岸上，自然有人会发现你的所有零件都是崭新的，重新使用你。"

　　帆船鼓起勇气，跟着货船靠岸，人们对它破旧的外表指指点点。一个贪玩的孩子登上帆船，走了一圈后对人们大叫："这是一艘好船！"

　　如果帆船一直自暴自弃在海上漂泊，总有一天它会沉到海底，任何人都不知道它的存在。就像那条靠岸的帆船，对抗脆弱的唯一方法只有武装自己，展示自己的能力，培养坚忍不拔的品质。我们的理想就像漂泊的帆船，如果没有足够的力量，只能被生活的大海吞噬。我们固然能够看到灯塔、遇到顺风，更重要的是当我们处于黑暗与逆境之中，仍要牢牢握紧心灵的罗盘，不偏离我们的方向。

　　一个想要好好生活的人不能是一个弱者，一个渴望成功的人更不能脆弱。人们的成长就是一步步武装自己，让自己的目光变得深沉而强悍，让自己的内心在一次次挫折中变得坚不可摧。不论外界条件如何，不论别人说什么，始终要对自己有正确的认识，要坚持自己定下的目标，唯有如此，才能真正走出一条自己的路，让人刮目相看。

真正的勇者都是忍者

春秋时期，吴国打败越国，越王勾践看到吴国强大，自己不是对手，决心发愤图强，有朝一日洗刷战败的耻辱。

勾践首先向吴王夫差投降，表示自己愿意成为夫差的奴仆。得到夫差的信任后，勾践回到越国，成天睡在柴薪上，并把一个苦胆放在自己面前，每天都要舔上一舔，提醒自己说："你难道忘记亡国的耻辱了吗？"勾践励精图治，十年之后，终于使越国强大起来，打败了吴国。而勾践的故事，成为一个成语——卧薪尝胆，它告诉人们想要成功，必须先要学会忍耐。

越王勾践用十年的时间励精图治，洗刷了战败耻辱。如果勾践在夫差打败他的时候拼死力争，只能成就一时的英勇之名，不能真正保护自己的国家；如果他从此卑躬屈膝一直当夫差的奴仆，也不过是个有仇不报的弱者。越王勾践知道，忍辱偷生地活下去，虽然会遭受他人的嘲笑，必然要忍受艰辛，但却是唯一一条通向成功的勇者之路。勾践的故事激励了不知多少后人，让他们懂得没有天生的成功者，只有坚忍不拔的努力者。

纵观我们国家的历史，真正的勇敢者都是那些能够忍耐又善于忍耐的人，而那些没有忍耐力的人则走不长久。同样是战败，楚汉相争时的项羽却选择了完全不同的道路。项羽在垓下遭到合围，逃到乌江。有船夫想要载他渡江，回到故乡江东再图大事，项羽却说他无颜面对父老乡亲，拒绝了船夫的帮助，横剑自刎。唐朝诗人杜牧不禁为项羽叹息："胜败兵家事不期，包羞忍耻是男儿。江东子弟多才俊，卷土重来未可知。"对比勾践和项羽，可以看到真正的勇敢不是一时意气，放弃长远的打算做出冲动行为，而是深思熟虑，忍他人所不能忍，最后一举成功。

中国文字里有很多会意字，"忍"字就是其中之一，心字头上一把刀，正是"忍"的真意。不得不承认，忍耐是一种痛苦，人们需要忍下的不只是他人的目光，更重要的是自己的羞耻感。在双重压力下，要保持对未来的信念不是件容易的事，至少不是件快乐的事。但与此同时，忍耐也是一种战胜痛苦的方法，因为忍耐是为了成功，只有成功才能真正将痛苦根除，所以人们说，真正做大事的人都善于忍耐，不懂忍耐的人做不了真正的大事。

战场上，一位将军正在召开军事会议，商议接下来的行军计划。经过几次大战，将军的军队只能偶尔遇到小股败逃的敌军，所有人都认为胜利在望。副将和谋士们都说，敌人已经到了强弩之末，只要追击，就能直捣敌军老巢。

将军却说："在战场上，轻敌的一方就会惨败。现在敌方看起来在溃逃，但我们其实一直没有遇到他们的主力部队，溃逃也许是一种假象，敌人早已做好埋伏。他们假装失败，为了吸引我们的大部队追击。依我看，我们必须慎重。"

任凭副将们一再要求出战，谋士们不停劝说，将军坚定地说："不要急，狐狸总会露出尾巴。"僵持了一天，敌人果然忍耐不住，带着大部队来袭。将军以逸待劳，将敌方一举歼灭。

在战场上，胜利的关键在于主帅的判断，在于主帅能否料敌先机。多数人贪功冒进，看到敌人露出败象，就想带兵上前一举击溃敌军，而故事中将军却建议大家不要心急，他没有贸然出击。最后，敌军求胜心切带着大军前来，遭到迎头痛击落得惨败。

忍耐和相机而动都是常胜将军的秘诀。战国时期，秦国大将白起就利用这种心理，在长平歼灭了赵国的赵括以及他手下的 45 万大军，让赵国从此一蹶不振，再也不能与秦国争雄。由此可见，忍耐不是勇者的专利，智者同样要善于戒急用忍。特别是在决定成败的时刻，忍耐就是一种智慧，多一份沉着就多一份胜算，善于忍耐的人才能笑到最后。

宝剑锋从磨砺出，梅花香自苦寒来。忍耐是对个人心性的一种修炼。一个人在童年时期，心态就像水，可能平静也可能激烈。优秀的人会吸纳各种细小的水流，最后成为大河，奔入大海。平庸的人则会停滞不前，渐渐成为一潭死水，没有活力。那么究竟什么才是促使生命之水前进的动力？答案是忍耐。当面对一座座高山，只有善于忍耐迂回，才能百折不挠，找到突破口——所有成功都需要漫长的努力和漫长的忍耐。

有时候，一分忍耐就是一分收益。生气的时候，忍耐一分钟，能够化解干戈，避免人际纠纷；争论的时候，退让一小步，能够求同存异，少结仇敌，多交朋友；想要做事的时候，三思再后行，能够完善自己的计划，检查自己的疏漏；没有实力的时候，暂时屈服于他人，能够为自己争取壮大的时间，等待今后的反击；痛苦的时候，安慰自己忍耐一下，总会有风平浪静、雨过天晴的一天。

一叶障目，习惯抱怨的人看不到幸福

一位高僧住在山间的佛堂，附近村庄的信徒们每天都会来烧香。每一天，信徒们都在佛前诉说自己的不幸，请求佛祖普度众生。这些人烧完香，就会拉住高僧不停倾诉自己的烦恼，日复一日。高僧无奈地说："你们觉得自己很不幸，那么谁是幸福的人？"

"任何人都比我幸福。"信徒们异口同声地说。

"好吧，那么从现在开始，你们每个人拿一张纸条，写下自己的不幸，然后交到我手里。"

信徒们认真写下自己的烦恼和不幸交给高僧。高僧把纸条的顺序打乱，对信徒们说："现在你们一人抽取一张，看一看上面的内容，然后告诉我，你们愿不愿意拿自己的烦恼，交换别人的烦恼？"

信徒们每人抽了一张纸条，打开之后大叫："我们还是要自己的烦恼更好！"他们这才发现，原来每个人都有许许多多的烦恼，而自己的烦恼，其实并不是那么严重。

山间佛堂，高僧向那些渴望幸福的信徒们传达了这样一个事实：不要羡慕那些看上去幸福的事，你并不是"别人"。每个人只能承担自己的辛苦，享受自己的幸福，要记得和别人的烦恼比起来，你遇到的事情也许微不足道。这样一想，痛苦变得微小，烦恼烟消云散。

芸芸众生，谁也摆脱不了这些烦恼，即使努力地克服了当下的烦恼，却发现新的麻烦接踵而来，让人不得安宁，甚至没有喘气的机会。当人们被烦恼压迫，抱怨也就成了生活中不可缺少的一部分。没有人能够万事如意，总有事情让我们扫兴，让我们沮丧，让我们难过，让我们愤愤不平……在这些情绪的驱使下，人们的心灵不再平静，需要痛快地诉说，于是，抱怨开始了。

抱怨的本质是一种情绪的发泄，这种发泄每天都在千家万户上演。晚饭时，丈夫在说老板如何小气，工作如何困难，妻子在说办公室人际如何复杂，生存如何不易，两个人互相吐苦水，越吐越郁闷，又把目光对准孩子。孩子刚刚考试不及格，正在抱怨老师批分下手太狠，这种抱怨自然得到了父母的一致批评。于是第二天，孩子和朋友抱怨父母不体谅自己，父母对同事抱怨孩子不争气。抱怨的种子生根发芽，苗壮成长，更可怕的是，抱怨不能解决任何问题，只会徒增人们的烦恼。

杰西太太透过玻璃窗看院子里晾的衣服，她不满意地对杰西先生说："我们必须换一个钟点工，现在这个钟点工洗衣服总是洗不干净，这么邋邋遢遢的人，怎么能搞好家里的卫生？"杰西先生奇怪地说："我们请来的钟点工是个麻利干净的人，我觉得她很好。"

"不，她洗衣服总是洗不干净，我一定要换一个。"杰西太太说到做到，第二天就辞退了钟点工。第三天，新的钟点工来了，杰西太太不满意地对杰西先生说："为什么现在的钟点工都这样马虎，你看，这一个也洗不干净衣服！"杰西先生说："我认为衣服很干净，不会是你看错了吧？"杰西太太反驳："怎么会呢！你看，衣服上有那么大一块污渍！"

杰西先生坐在杰西太太的位置仔细观察，最后走到玻璃窗前，抹了抹其中一块玻璃，杰西太太发现衣服上的污渍果然不见了。原来，污渍并不在衣服上，而是在玻璃上！

因为玻璃窗上的一块污垢，杰西太太看到的衣服总是有污渍，为此，她怀疑钟点工没有努力工作，整天对丈夫抱怨。其实，那污垢不在衣服上，而在玻璃上。杰西太太的经历不但可以让她自己反省，也向所有人提出了疑问：在生活中，有多少事值得抱怨？又有多少烦恼是我们自找的？是不是我们对他人的意见，对事情的偏激，仅仅是遮在眼前的一小块污垢，只要注意到它，擦掉它，就会发现事情和自己想象的完全不一样？

村头有一条河，东岸和西岸各有一个农夫，东岸的农夫觉得西岸的土地更肥沃，住在那里会有更多的收成；西岸的农夫却觉得东岸的土地更开阔，住在那里一定可以让身心舒泰。

有一天，两位农夫太过羡慕对方的生活，决定交换他们的土地。可是没多久，他们就发现脚下这块土地也有很多缺点，似乎还不如自己原来的那块，后悔不已。

生活中没有两全其美的事，享受到开阔的土地就没有丰沃的土壤，即使交换了土地，两个农夫仍然觉得不满足。可见，抱怨来自于内心的不满足，一个人即使拥有再好的东西，只要他不满足，仍会怨气冲天。为什么我们没有注意自己的拥有？答案是我们的目光总盯着别人的风景，想象着别人的幸福，这样的人又怎么会不抱怨？

古语说，一叶障目，不见泰山。抱怨的人往往因为生活的一丁点不如意，就否定生活的美好，认为自己是最不幸的人。但如果能把目光放大，放远，就会发现连抱怨的对象都可能藏着某种幸福。抱怨老板无理由地给自己增加了工作，其实那是老板正想提拔你而考验你；抱怨自己不够优秀，其实是发现了自己的不足，也发现了改进和努力的方向；抱怨自己的不够漂亮，但因此也有了温和谦虚的个性，受到更多人的称赞和喜爱……

世间本无事，庸人自扰之，与其因为抱怨被人认作是一个庸人，不如放平心态，做个宽容大度、笑对人生的勇士。

大动肝火的人，不是吃亏就是理亏

清朝的时候，悦来客栈是京城长安街一家著名客栈，那里的服务总是让人赞不绝口。悦来客栈的一位老主顾说，作为一个贩卖丝绸的商人，他走过很多地方，最信赖的就是悦来客栈的服务，十几年来，他来到京城都会在这里住店。

十几年前，商人还是个年轻人，有一天跟随哥哥在悦来客栈吃饭，兄弟二人一屁股坐在椅子上，他突然发现哥哥的皮袍沾染了一大块污渍，他叫来店小二责备道："你们这家店怎么连椅子都擦不干净，我哥哥这件袍子是名贵的毛料制成！"店小二连忙作揖，将皮袍擦净，还赔了许多好话，让兄弟二人怒火顿消。离开客栈时，店小二特意将商人哥哥的马鞍擦了又擦，对商人说："令兄的马鞍不知沾了什么东西，才会弄脏袍子，我已经擦干净了。"商人的脸一红，从此以后，每到京城，他们都会在悦来客栈入住。

原来，店小二早就猜到弄脏皮袍的并不是店内的椅子，他的息事宁人不但没有损害商人们的面子，还为客栈赢得了更多的主顾。

礼貌谦和的店小二用周到的服务，感动了性急的客人，并让这位客人成为客栈的老主顾。这位客人也上了一堂很重要的人生课，永远不要在没有了解事实之前大怒，即使了解事实，也要根据情况做出最合理的举动，因为大动肝火的人总是亏的那一方，不是吃亏就是理亏。

因抱怨某事而大动肝火，首先吃亏的是自己的身体。科学研究表明，人在生气的时候体内的血液大量涌向面部，使面部毒素增多，然后涌向大脑，使大脑也积累毒素。这些毒素不但加速器官和细胞的衰老，还会伤肝伤胃，影响它们的正常工作。总之，生气对健康有百害而无一益，吃亏的是自己的身体。我们的寿命有限，保养还来不及，如果因常常生气而伤到自己，真是得不偿失。

生气的人还容易理亏，如果不能很好地控制自己，任由愤怒爆发，用行动和语言伤害了别人，明明是自己有理的事也变成了理亏。不如像故事中的店小二那样，遇到事情首先要想想自己是不是有责任，有多大的责任。如果过错全在对方，只要等对方冷静下来，自然可以讲道理。就算对方不讲理，也可以找旁观者作证。如果过错在自己，更没有必要大发雷霆，显得自己毫无礼貌——一个人的修养很大程度体现在他能否控制自己的怒火和情绪，能不能在气愤时控制自己，使事情向良性轨道发展。

一日，一位学生从某超市走出来，被迎面走来的一位中年妇女撞倒在地，手里拿着的半瓶可乐洒了一身。可没想到这位中年妇女不但没有道歉的意思，反而对这位学生大声说："你这孩子，怎么能一边走路一边喝饮料呢！"

　　这位学生站起来，用纸巾擦拭了一下被淋得湿湿的外套，不但没有和这位妇女争吵，反而对她笑了笑。学生的这一举动让妇女觉得很意外，尴尬之余不禁问道："我说，我撞到了你，让你洒了一身的饮料，你怎么不生气呢？"

　　学生看妇女一脸的迷惑，再次笑了笑说："生气有什么用呢？你看，你撞也撞了，饮料洒也洒了，就算我生气，这事还是发生了。就算我因为这些和你吵了起来，也不能够阻止这件事发生。如此看来，生气、吵架根本就不能够解决问题，反而会造成更坏的后果，我还为什么要这么做呢？"

　　面对不讲理的人，有人宣扬"以恶制恶"，故事里的学生却是一个有修养有智慧的人，对人对事有独到而深刻的认识。他知道生气不是解决问题的办法，损失既然已经造成，计较也是多费力气。面对争执和不快，最佳的解决办法并非争吵，而是理解和宽容。

　　宽容是一种智慧，既然大动干戈的结果不是吃亏就是理亏，不如奉行老祖宗的名言，化干戈为玉帛。对别人的宽容也是对自己的仁慈，纠纷一旦产生、恶化，其结果总是要由双方承担，而这结果往往是负面的、不良的。即使人们在纠纷中赢得了胜利，也会付出一定的代价。所以，在多数情况下，只要不涉及原则问题，多一事不如少一事。

　　不要为一件小事给自己造成痛苦，也不要因为一件小事与别人大吵大闹，在即将生气、即将抱怨的时候，考虑一下别人的心情，克制一下自己的情绪，不但能体现出你的修养，也有益于事情的解决，更能借此树立良好的形象、建立和谐的人际关系。想要大动肝火的时候，首先要告诉自己："既然已经有了损失，我要做的是弥补损失，争取以后不再损失，而不是扩大伤害，让这件事没完没了。"

积极一点，没有人会一直倒霉

一只就快饿死的老鼠经过长途跋涉，终于找到一个粮仓，它想捡点袋子里漏出的豆子。没想到一只猫从天而降，老鼠好不容易才逃得性命，它哭泣着对神祈祷："当老鼠是一件多么可怜的事，我已经饿了整整三天，好不容易看到一点豆子，还被猫阻挠。当猫多好，不但可以抓老鼠，还有主人喂鱼，请把我变成一只猫吧。"

神怜悯老鼠，真的把它变成一只猫。可是老鼠发现，猫也有猫的难处，它整天都被街上的流浪狗欺负，于是它又要求变成一只狗。可是狗总是被村子外的豺狼恐吓。最后老鼠说："请把我变成最强大的大象，这样我就再也不会被欺负了！"

神答应了它的要求，老鼠以为从此就能过上无忧无虑的日子，却发现大象身体笨重，行动迟缓，整天吃不饱，要拖着巨大的身体到处找食物。这一天，它的鼻子说不出的难受，打了半天喷嚏，才从鼻子里钻出一只小老鼠。

"原来，一只大象竟然会被小老鼠弄得寝食难安！"老鼠感叹，它要求神把自己变回老鼠的模样，从此再也不抱怨了。

小老鼠认为生活辛苦，想变成其他动物，变了一圈后终于懂得原来所有动物都有倒霉的时候，还不如各从其类，当好一只小老鼠，每天偷偷食物，钻钻墙壁，倒也逍遥快活。由此可见，任何事物有优点就会有缺陷，没有人能一直幸运，当然，也没有人会一直倒霉。

决定一个人是否倒霉，有时仅仅在于这个人的心态，一位老板对他的两个员工说："你们的工作做得不错，如果在做好这个项目的同时，完成了另一个项目，我会更高兴。"两位员工的反应截然不同，一个认为自己的工作完成得不错，一直以来的努力得到了承认；另一个则盯着没完成的项目，认为自己能力不够。前者欢欣鼓舞，认为自己即将有升职的机会，更加努力表现；后者唉声叹气，害怕自己丢掉饭碗，工作起来无精打采。你认为老板会更欣赏哪一个？这就是积极与消极的区别。

有时候，烦恼和痛苦只在我们心中，只在我们一念之间。面对事情，特别是面对烦恼，每个人应该学着积极一点。抱怨"我怎么这么倒霉"，和说着"还好我不是最倒霉的"，是截然不同的两类人。前者容易把困难想复杂，给自己增加无谓的心理压力，导致自己的应变能力降低，成为一个真正的倒霉蛋；后者则能够看轻痛苦，以最轻松的心情面对生活，保持乐观的态度战胜困难。很明显，后一类的人更容易得到快乐和满足。

忙碌了一天的小丽，从下班前十分钟就开始惦记晚上的晚餐。昨天是周日，因为孩子生病，她没有去超市买这一周需要的菜。像小丽这种把加班当成家常便饭的人，在周日准备好一周的蔬菜肉类是必须的。小丽想着如果今天能按时下班，一定第一时间冲进超市。

没想到刚一下班，天就下起一场大雨，小丽没带雨伞，只好把外套盖在头上去赶公车。在拥挤的车上，小丽忍不住心酸，想起自己至今还是个小职员，拿着低廉的薪水；结婚三年老公有了外遇，离婚后自己辛辛苦苦带着孩子，如今连想要早点去买菜都会遇到一场大雨，回家没准还要感冒。

车停了，小丽向超市跑去，突然看到身边有个人一样没打伞，却悠闲地走在雨中，小丽提醒："你怎么还不快点跑？"那个人说："我为什么要跑？我在看雨景。"

小丽突然发现，原来雨已经不知不觉小了，即使没有伞也不会把人淋湿，打在脸上只有一点点雨丝，很清凉，而雨中的城市有种宁静温和的美。原来雨一旦变小，就会变为美景，那么人生是不是也一样呢？小丽放慢了脚步，第一次觉得，原来雨中散步、在超市中悠闲地选购物品都可以是幸福的事。

一场大雨、一个陌生的人说的一句话竟然让小丽改变了长久以来的心态。是啊，尽管工作繁忙，生活繁杂，难道人们就不能静下心欣赏雨景？就像人生难免有起起伏伏，难道就要否认其中的美好，一直沉浸在抑郁的情绪中？静下心来的小丽发现，生活中的小事，比如突然下起的一场雨，既可以是烦恼的根源，又可以是幸福的原因。

开车的人大多有过一路红灯的经验，当大城市的交通出奇拥挤，你又在赶时间，偏偏前面路口一盏红灯，再前面的路口又是一盏红灯。人生道路上，烦恼就像一盏盏红灯，预示此路要等等才能通过，对比起遇到绿灯的高兴，红灯的确让人心烦，一连串的红灯更是让人觉得倒霉透顶。不过交通就是如此，有绿灯就会有红灯。人生也是一样，有幸运就会有不幸。倒霉的时候，不妨积极一点，告诉自己运气守恒，没有人会一直倒霉。

总是提醒自己倒霉的人，看到什么事都想着坏的一面，认为霉运会一直跟着自己，从此更看不到快乐的事，心态上的悲观导致了自己常常倒霉，一直没有好运气。而那些积极向上的人，总能够发现事物光明的一面，即使遇到不幸，他们也能用"幸好只是如此，没有更糟"来安慰自己，使自己成为一个幸运者。他们始终相信，一路红灯之后，一定能畅通无阻。

③ 和负面个性断、舍、离

每个人都有自恋的一面，欣赏自己的外貌、才能、手腕，想要所有人都知道自己的外秀或内秀，在各种场合招摇个性，显示与众不同。殊不知，这是在把自己与别人孤立起来，让别人认为无法和你相处，甚至讨厌你的为人。

切断招摇，抛离炫耀，舍弃自以为是；酒香不怕巷子深，是金子就不会被埋没。

不抢小风头，只出大风头

包小姐是这样一个人，她每天戴着黑框眼镜，穿着刻板的职业套装，话不多，业绩中等偏上，谁也不会特别留意她。办公室的两个同事为争夺主任的位置吵得不可开交，上级没办法，只好让一直置身事外的包小姐坐上主任的位置。

谁也没想到这个结果，更让人没想到的还在后面。一次包小姐和几个总管陪老总去德国开会，翻译临时生病，包小姐全程包揽了翻译任务。大家这才发现包小姐的德语如此流畅。老总兴奋地说自己发现了人才，从此，包小姐专门负责开拓德国市场，职位又升了一级。办公室的同事私下里都说，越厉害的人越是深藏不露，包小姐是真正的"高手"。

包小姐是个不张扬的人，她沉默寡言，从性格到能力都显得平平常常，没有人会特别留意她，谁也不认为她有实力。她做事勤快，不抢小风头，只在关键时刻展露自己的实力，让人惊叹她竟然是隐藏的高手，真的是"不鸣则已，一鸣惊人"。

管理学家说："如果一个人想要在办公场合获得好的人际关系，

做出更多的成绩，就要把一切优点和值得炫耀的地方妥善地隐藏起来。"包小姐的经历正说明了这句话的正确。我们时刻都在面临和他人的竞争，想要在与其他人的比赛中崭露头角，充实自己、积累实力是最重要的。实力是成功的基础，但是，万万不能小看性格的作用。真正的胜利者是那些懂得隐藏实力的人，一个大智若愚的人，往往比聪明外露的人技高一筹。因为聪明一旦外露，就会让对手有所防备，让共事者有所忌惮，不如在平日韬光养晦，只在关键时刻一显身手。

每个人都有表现自己的欲望，特别是当别人并没有发现自己的长处时，那种欲望就愈发强烈，表现欲是为了证明自己优秀，但"表现"和优秀有时并不成正比，决定优秀的是成绩，不是表现。过分表现有时会引起他人的不满、忌妒，这都会使表现效果大打折扣。更可怕的是，当出风头成为一种习惯，人们就会忘乎所以，在各种场合显摆自己，炫耀自己，这种行为带来的不是他人的肯定，只是暴露出自己的肤浅。

有个妇人最喜欢出风头，每到参加宴会，就要对宾客们卖弄自己的穿着、首饰、最近去了哪个国家、自己的见闻和学识。

一次，几个音乐家正在谈论一位叫杰里因的音乐家，妇人凭借着自己对音乐的一知半解，上去搭话说："我听过他的作品，真是让人感动。"一个年轻人说："真的吗？您听过？"妇人点头说："他那么大的年纪做出的作品，包含了丰富的人生阅历，听到让人动容。"旁人交换了一个默契的笑容，那位年轻人幽默地说："我也觉得自己很早熟，二十来岁就能做出让你如此感动的作品，我觉得很荣幸。"

妇人的脸终于红了。

表现自己并不是错误，试想毛遂若不自荐，如何得到受重用的机会？但表现自己必须在适当的场合、适当的时间，而不是在所有场合唱高调，否则，表现就成了一种不受欢迎的卖弄。更重要的是，一个人想要表现，首先要确定他有表现的实力。

两个推销员结伴去酒吧喝酒，难免说起公司里的女职员。

其中一个说 A 小姐总穿名牌，连一个手提袋都是上万元，看得出家里很有钱。

另一个推销员更有见识，他说有钱人家的小姐大多不会招摇，比如 B 小姐，她穿的衣服虽然没有牌子，但全是国外著名手工裁缝店定制的高级品。真正富有的人不会卖弄自己，他们更讲究生活的品位，而不是追逐名牌。

正如真正的美人讲求的不是俗艳的外表，而是由内而外的高贵气质，真正富有的人更注重的是生活质量，而不是能够在人前炫耀的牌子。他们的低调并非刻意为之，而是真正的底气让他们不会刻意表现什么。做人也应如此，卖弄是一种无知的表现，过分卖弄，反映了一个人的贫瘠和空虚；而那些喜欢思考、不轻易发表意见的人，他们的言语往往更有价值。

常言道："沉默是金。"沉默并不只是一言不发，而是指一种镇定不浮躁的态度。这样的人不在乎小风头，他们只在意自己是否有挑大梁的能力和机会。细心观察你身边的人，那些夸夸其谈的人遇到风吹草动，会像热锅上的蚂蚁一样团团转；而那些平日一言不发，冷静地听旁人高谈阔论的人，却会立即拿出解决方案，这就是沉默的力量，这才是真正的"出风头"。

成功者乐于接受别人的批评

说起爱迪生，人们都知道他是伟大的发明家，他是一个勤奋的人，他有一句名言："天才是百分之一的灵感加百分之九十九的汗水。"他发明的电灯泡为夜晚带来了光明……他的成就很多，但很少有人知道发明家爱迪生晚年的遭遇。

自从爱迪生成名后，他对自己的评价越来越高，渐渐成了一个自负的人，他不相信世界上有人比他更聪明。每当助手向他提出一些好的建议，他总是不屑一顾地说："我的想法是最好的，不需要别人的意见。"伴随骄傲而来的是固步自封，还有很多有才能的助手再也无法忍受他的自满，纷纷离开他。那之后爱迪生再也没有什么伟大的发明，他遏制了批评的声音，也就挡住了成功的机会。

伟大的发明家爱迪生以他的创造性发明被世人铭记，人们对伟人的观察和看法往往片面，看到了他的功绩和努力，却常常忘记伟人也有犯错的时候，甚至是毁掉自己的致命错误。就像爱迪生到了晚年，成了一个固步自封的老人，不肯接受任何外界的批评，他的思维再也不能有所突破。一代发明家在自己的固执中，错过了本应更加辉煌的人生。

人们对自己的看法也常常出现片面的情况，当一个人有了成绩，有了旁人的赞誉，他很容易飘飘然，过分高估自己的才智，忘记自己也有不足，认为自己无所不能。这个时候他会变得自满，变得不敢承认自己出错。为了证明自己的正确，他会挡住所有批评的声音来自我麻醉。这样的人固然有自己的一套成功方法，但随着外界环境的改变，老方法早晚会过时，新方法又没人教导，吃亏的还是自己。

想要准确定位自我，首先要承认自己是个凡人，会犯错也有很多不足，与那些真正的成功者还有差距，然后才能虚心接受他人的批评和指正。他人的批评不一定就是对的，他人的建议也未必符合自身的情况，但是，愿意倾听就是一种进步，是一种想要提高自己的态度，这样才会有更多的人想要帮助你，敢于指出你的不足。要相信在这个社会上，没有人有闲心指责你的缺点得罪你，愿意费脑筋给你想改进方法的人，才是真正关心你、对你有帮助的人。

许多居民迁徙到了一片荒野，他们在山坡种了果树，山脚种了粮食，荒野很快成了人们安居乐业的地方。在山坡上，果树苗壮成长，引来了几只啄木鸟。

啄木鸟很勤劳，每天按时来给每棵果树抓虫子，但被啄木鸟啄过的树木，不但树皮有裂痕，有时候还会损害树里的纤维和结构。一棵苹果树生气地说："为什么你们每天都要来我身上啄来啄去？你们真是一群讨厌的鸟！"

啄木鸟很礼貌地说："我们来这里是为了抓虫子，避免你们生病。"

"我不认为自己有病，你们去别的果树身上抓虫子，别来烦我！"苹果树倨傲地说。

啄木鸟果然不再理它。没过多久，苹果树觉得浑身不舒服，它死撑着不告诉别人，可是到了秋天，别的树上结满了果子，只有它枯黄消瘦，勉强结了几个小苹果。这个时候它才后悔当初没有像其他果树一样，接受啄木鸟的"治疗"。

几只啄木鸟来到果园抓虫子，一棵苹果树害怕自己的皮被它们啄破，不肯让啄木鸟在自己身上留下疤痕。啄木鸟苦口婆心地劝告它，说明自己固然是在寻找食物，但同时也能帮果树消除身上的隐患。固执的果树仍然不肯听话。即使生病，它也宁愿自己撑着，不肯承认自己的错误。到了秋天，健康的果树结满了果子，这棵病快快的苹果树勉强结了几个苹果，在丰收的果树丛中后悔不已。

在我们的生活中，批评和意见就像啄木鸟尖尖的嘴，难免伤害我们的自尊，影响我们的心情，但这些批评却能够让我们更加健康。我们都听过《讳疾忌医》这个故事，神医扁鹊去见齐桓公，对齐桓公说：

"您生了一些小病，需要医治。不治的话恐怕会恶化。"齐桓公却认为自己没生病。医者仁心，扁鹊好几次求见齐桓公，劝齐桓公赶快治病。齐桓公仗着自己身体强健，每次都说："寡人无疾。"还对左右的人嘲笑扁鹊说："医生就是爱治那些没生病的人，以显示自己的医术。"扁鹊最后一次见齐桓公，知道齐桓公已经病入膏肓。没多久，齐桓公终于察觉自己生了大病，再想找扁鹊，扁鹊已经离开齐国。讳疾忌医的齐桓公就这样一命呜呼。

很少有人从出生开始就身患绝症，也很少有人在成长之初就有性格缺陷。病是一天天变大的，缺陷也是被人一天天放纵，最后才不可收拾。不要小看别人的每一句建议或批评，除了恶意的吹毛求疵，你没有毛病，不会有人故意批评你。能在批评中发现自己的问题，向那些为自己提出建议的人道谢，才是成功者的态度。在生活中，忠言逆耳，听不听在你自己；良药苦口，喝不喝也在你自己。

有修养的人会对他人心怀尊重

　　一位成功的商人正在对记者讲述他的成功经验，商人主要经营农作物，却把一位皮鞋商人克拉克奉为偶像。记者们从来没听说两位商人之间有什么往来，好奇地询问原因。

　　商人说："当年，我是一个到处找工作的高中毕业生，好不容易联系了几家农场，把他们的产品推销到城里，但我当时还年轻，没有人愿意理会我。后来，我敲开克拉克先生的大门，那时候正是冬天，克拉克先生显然不想买我推销的产品，但他看我穿着单薄的衣服，仍然请我进屋喝咖啡，送我的时候对我说，我和他没有什么不同，他卖的是皮鞋，我卖的是水果——他的意思是我并不比他差。因为这句鼓励，我才能有今天的事业。"

　　成功的商人崇拜另一位商人克拉克先生，崇拜的理由并不是克拉克商人优秀的商业头脑或者高超的生意手腕，而是他对人的平等观念以及由此而来的尊重。他能够对一个没有任何地位的年轻人说："我们并没有什么不同。"年轻人得到这样的鼓励，才能有今日的辉煌。

　　也许在克拉克先生看来，谁也不能小看他人，哪怕是一个不起眼的推销员。成功者和未成功者的最大区别是什么？只是前者比后者多走一步，谁又能断定后边的人超不过前边的？事实上后来者居上的例子，远远多过永远获得胜利的。所以，我们没有理由小看别人，贬低别人，任何人都有值得我们尊敬和学习的地方，能够肯定别人的人，同样能够正视自己，这既是一种修养，也是一种智慧。

一个学习社会学的女大学生想要做一个调查，题目是"一个女性的年龄是否影响外人对她的态度"。为了得到第一手资料，美丽的她化妆成一个 60 岁的老太太。当她走在大街上，看不到平日惊艳的目光。当她进入商场或饭店，再也没有男士殷勤地为她开门。当她买完东西想要付款，收银员爱理不理，对她的问题反应也很冷淡。

女大学生有点伤心，难道一个人不再年轻、不再貌美，就要受到人们的冷遇？因为想得太入神，她不小心撞到一个年轻人。年轻人气得大叫："你走路怎么不小心一点！"这时，路过的另一个年轻人说："老人家走路不稳，你应该让着他们，怎么能对她大喊大叫。"一边说一边扶着女大学生坐到一边，关心地询问她有没有碰伤。女大学生突然懂得了什么是真正的修养，什么是真正的尊重。

判断一个人是否有修养并不是一件困难的事，只要看他对待不同人的态度，就能分辨出此人修养的高低。有修养的人不会看不起任何人，即使街边的乞丐，他们也会保持应有的礼貌和尊重。修养更进一步，就是爱心和扶助，当看到他人遇到困难，能够及时伸出援手，不会冷漠无视。他们看人的目光永远平视而温和，让人瞬间感受到品德的高贵。

一家公司正在招聘员工，面试大厅挤满了前来求职的人，场面一片混乱。一位年轻人好不容易才把简历递到人事经理手中，得到的是一句"回家等通知"。

年轻人正要离开，突然发现会场有个老人正在打扫卫生——会场人太多，有很多灰尘纸屑，必须及时打扫。年轻人看到老人佝偻着身子，认为一个老人家独自打扫太过辛苦，就主动上前拿过老人的笤帚，帮他干活，打扫完之后再默默把工具塞给老人。

出乎意料的是，当晚年轻人就接到电话，通知他明天到公司报到。后来年轻人才知道，在会场打扫卫生的老人竟然是这家公司的老板。

修养不是一句口号，它显示在日常生活中的每个细节中，包括如何对待一个扫地的老人。尊重是相互的、双方的，当你尊重别人的时候，身边的人也正在建立对你的尊重；而当你歧视别人时，更多的人会对你的行为感到轻蔑。尊重他人说起来简单，做起来却不容易，它首先需要一颗足够宽容的心，愿意与他人求同存异，愿意包容他人可能出现的缺点不足，也愿意付出自己的关怀和精力。日常生活中，我们能做到的最简单的尊重，就是不轻易评价他人，不参与他人是非，不对任何人失礼。

在人际关系中，"尊重"的位置至关重要，一个人首先尊重了别人，才能真正欣赏对方的优点，并在这个基础上和人对话交流。也只有在"被尊重"的前提下，对方才更愿意接受你。人与人的关系是相互的，真心需要真心换，修养与尊重的内涵，并不是客套与礼貌，而是对自己的克制、对他人的爱心。

低调的人尝甜头，骄傲的人摔跟头

一个人走进小镇想要剪个头发，他打听到整个镇子只有三家理发馆，而且三位店主都曾在巴黎学过美发，手艺都是一流的。他走向第一家，看到大门上竖着一个牌子，牌子上写着："本国最优秀的理发师为您服务！"

这个人觉得理发师太能吹牛，就走向第二家，发现第二家理发馆也有一个牌子，上面写着："这是本国最好的美发店！欢迎您的光临！"

这个人摇摇头，走向第三家，第三家只在窗户上挂了一个小牌子，上面写着："本街最好的理发师为您服务。"这个人觉得这位理发师态度不错，就走进了第三家理发馆。后来他听说，尽管三位理发师手艺一样好，但第三家的生意始终比另外两家好很多。

面对三家规模相同、理发师水平相似的理发店，客人会如何选择？多数人都会从店老板的态度来判断，前两家理发店夸耀自己是全国最好的理发店，容易激起客人的反感，第三家理发店低调的态度，让客人觉得理发师并非夸夸其谈之辈，所以，第三家理发店生意最好。

人与人性格不同，行事方法自然不同。有人喜欢高调做人做事，不论什么场合，都要振臂一呼，让所有人无法忽略自己的存在；还有一种人不愿把自己暴露在众目睽睽之下，他们选择低调地生活，在短时间内，他们无法像高调者那样成为焦点，但时间长了，人们了解了他们的优点和实力，反倒更愿意信赖他们，尊敬他们。高调者往往能够给人造成一时的刺激，低调者却能够给人带来长久的印象。

高调的人容易暴露自己的不足，因为他们太喜欢炫耀自己，时时刻刻提醒别人自己的优点，于是人们就把挑剔的眼光对准他们，越看越觉得他们的说法言过其实。在森林里，猴子最爱唱高调，它们总想证明自己的灵巧与聪明，于是，它们每天在高高的树上跳来跳去。看到它们的人往往不会称赞它们的敏捷，而是掩住嘴嘲笑它们红通通的屁股。想要当人群的焦点，就要忍受众人的挑剔，如果不能做到百无一失，不如暂时保留实力，低调一点，好过因某些太过明显的缺憾成为众矢之的，遭人耻笑。

《三国演义》里，曹操手下有个叫杨修的谋士，他恃才傲物，总想表现自己的聪明。

一次，曹操得到一盒酥，在盒子上写了"一合酥"三个字，飘然而去。谋士们都不知道这是什么意思，杨修说："这是'一人一口酥'的意思，我们快把这盒酥吃掉吧。"曹操听说这件事后，表面上夸奖杨修，心底里暗暗厌恶他。

曹操生性多疑，对侍卫说："我做梦的时候喜欢杀人，你们千万不要在我睡觉的时候进入我的房间。"一夜，曹操梦中叫喊，一个侍卫护主心切冲进卧房，被曹操一剑杀死。第二天，曹操佯装吃惊地问："谁杀了我的侍卫？"众人告知原因，曹操假装哀伤，这时杨修却对那侍卫的尸体说："丞相不是在梦中，你却像做了场梦。"随着杨修无节制地卖弄自己的才能，曹操越来越厌恶他，终于有一天，找了个借口将杨修问斩。

"杨修之死"是《三国演义》中的著名篇章，仔细思考杨修的作为，他没有犯原则性错误，甚至没有对曹操造成任何损害，他被杀的原因在于个性太过骄傲，而且他的骄傲不是对所有事不屑一顾，而是对所有事指指点点，该说话的时候他说话，该沉默的时候他同样多嘴。他的高调固然使他在幕僚中占了重要一席，却也因此招来曹操的嫌恶。

从杨修的例子我们能够看出，高调的人容易树敌，低调的人能够隐藏实力。低调的人能够避免生活中的很多不必要的麻烦：他们不显赫，就很少招来仇视；他们不爱争执，就很少与人摩擦……有些低调的人看上去默默无闻，却在不声不响中发展自己，壮大实力。等到别人注意的时候，他们已经像一棵长成的树，根深叶茂，焕发生机。

当然，低调不等于软弱，低调的人知道什么时候应该保存实力，什么时候应该奋起抗争。当个人利益被损害、个人尊严被践踏时，低调的人往往会先发制人，给对手一个反击，让他们再也不敢存小看之心。所以，在任何时候都不要以骄傲的态度对待那些看似沉默的人，他们往往是真正的强者。就像在一个会议桌上，说话的都是幕僚和手下，一直不发话只在最后说一句决定的人才是老板。

据说印度有一个藏书丰富的经院，这个经院的大门又窄又低，每一个想要进去的人必须低下头，弯下身子。经院的僧人说，这是为了让人了解知识的伟大，在知识面前，每个人都要学会恭谦。学会低调，就是学会一种对他人的尊重，对自己的保护。在旁人都不留意的时候，你积蓄了优势，加厚了资本，终有一天能够高人一等。要相信地低成海，人低成王。

自以为是的人惹人厌烦

小张即将步入社会，父亲特地打电话交代："进了公司以后，少说话，多办事，谦虚点，别在同事领导面前炫耀。"小张左耳听右耳冒，挂了电话就把这件事忘得一干二净。

小张头脑聪明，一表人才，口才也好，他高中在新加坡留学，大学就读于美国一所著名大学。有这样的资本，小张自觉高人一等，进了公司后，看到同一办公室的人有的是专科生，有的是普通大学的本科生，难免得意，经常纠正别人的工作错误，业余时间就和同事大侃他在美国留学时遇到的大师，还大谈特谈自己在著名跨国企业的实习经历。

令小张不解的是，似乎没有人羡慕他的经历，大家只是客套地恭维几句。在工作上，没有人愿意帮助小张，小张遇到了问题想要找人帮忙，多半得到不冷不热的一句："咦，你不是××大学的吗？连这个都不会？"小张打电话给父亲说了这件事，哀叹同事们忌妒心太强。父亲说："我特意交代的话你一句都不记得，不是同事忌妒你，是你太自以为是，业务还不精通就敢到处吹牛，怎么能不惹人讨厌呢？"

优秀的小张曾认为，有实力的人不必谦虚，既然自己毕业于国外名牌大学，又有在著名企业的实习经历，他完全有资本比那些本科、专科毕业的人更引人注目。没想到实际情况和他想的恰恰相反，迎接他的并不是羡慕的眼光，而是冷淡和排斥。同一个公司、同样的工作，谁比谁差？谁又能比谁强？太过强调自我的人注定不会讨好，没有人愿意买他的账。

有些人认为自己很聪明，他们的确在某些方面有过人之处，得到别人的羡慕。真正聪明的人不会因此骄傲，他们会说自己还有许多不足，在其他方面更是拿不出手。而那些自作聪明的人，会因为对自己的过高评价而沾沾自喜，开始自以为是，认为自己做的事都是对的，有资格纠正别人的行为，常常以一副指点江山的架势谈自己，谈他人，谈社会，谈人生，似乎他就是先哲导师，人间真理。这样的人往往让周围的人反感，人们对他们只有一个评价："眼高手低，自我感觉过于良好。"

自我感觉良好的人都不太幸运，他们取得成绩，别人不以为然；他们遇到挫折，别人都愿意说几句风凉话。这些人对自己评价虽然高，但周围人对他们的看法却大不相同，如果他们的能力有80分，周围人看他不过是50分，甚至更低。因为他们的夸夸其谈让人反感，让人认为他们是在吹牛。何况人外有人，天外有天，当他们炫耀自己的时候，那些真正有实力的人都在心里偷笑，对他们自然更不信服。

一位设计师被猎头公司挖角，推荐到一家著名的广告公司面试。设计师在业界有不小的名气，广告公司的总裁亲自面试。在面试过程中，设计师大谈他的设计理念，又把自己任职的公司批评得一文不值。总裁不自然地皱了皱眉头，请他谈谈对电视上正在播出的几个广告的看法。设计师毫不客气地将这些广告数落一通，总裁说："您说的这个×××广告，正是我们公司的作品。"

设计师有些尴尬，但还嘴硬说："每个公司都有失败的作品，这不足为奇。"总裁很肯定地说："这个广告是我们公司传播率最广的广告，我想您的见解与我们公司的设计方向有很大背离，不适合来我们公司工作。"

一位优秀的设计师即将得到一个更好的工作机会，他相信自己有实力进入一家著名广告公司。在面试场上，他大肆谈论自己的理念，贬低自己就职的公司，还贬低面试公司的作品。最后他没有得到这个工作，也许他认为自己失败的原因仅仅是错误地批评了一个广告，却没察觉深层原因其实是他对事对人的高姿态。

人与人天生资质不同，有些人的确具有一些优势，他们可以更加轻易地就得到成功，这个时候，如果他们不能收敛自己的行为，一味迷信自己的能力，看不起他人，贬低他人，很轻易就会引起周围人的反感，甚至会引起他人的联合排挤和报复。古语说："行高于人，众必非之。"时时表现自己的聪明，结果就是走到哪都有人讨厌，走到哪都不受欢迎。不能简单地将这种情况归因于旁人的忌妒，优秀的人那么多，为什么只有你遭人忌妒？

客观来看，人无完人，谁也不是全能的全才，就算你在某一方面有特长，很突出，在其他方面，你总有不尽如人意的地方，而这些地方，恰恰是别人的优点。现实生活就是如此，你没有那么好，别人也没有那么差，看清这个事实，你才能更虚心地向他人学习，弥补自己的不足，有朝一日展现真正的实力。

理智地对待他人的吹捧

有一年，玉帝要选择 12 个动物做为十二生肖，命令它们在正月初一到一座山里集合，最早到的就是十二生肖。老鼠害怕猫走得比自己快，就对猫说："玉帝要选十二生肖，我觉得你肯定有份儿，谁能比你更灵活，跑得更快呢？"

猫听了老鼠的吹捧，洋洋得意，美美地睡了个觉，梦到自己第一个到达山里，这个梦做得长了，一睁眼才发现天早就亮了。猫急急忙忙赶到山里，十二生肖的评选早已结束，站在第一位置上的，赫然便是那只老鼠。

从此，猫对老鼠恨之入骨，看到就要抓来吃掉，即使如此，猫也无法进入十二生肖。

为了得到进入十二生肖的资格，老鼠花言巧语哄骗骄傲的猫，让猫放松警惕。对自己的速度有极强信心的猫一觉睡到大天亮，与评选失之交臂，从此猫和老鼠成了死对头。尽管猫见到老鼠就要吃掉以解心头之恨，遗憾却已经铸成。

每个人都喜欢听到赞美的声音，赞美不但能让人心情愉悦，还能够使人发现自己的优点，变得自信而上进。在善意的赞美下成长的人，更容易做出成绩，因为他们的心态始终是明朗的、积极的。不过，赞美也分很多种，有一种赞美是糖衣炮弹，它会让你清醒的意识变得麻木，让你再也看不清真实的自己，让你变得自高自大。它会把你捧到一个很高的位置，然后突然消失，这时摔了跟头的你才发现，原来自己根本没有那么优秀，那么有实力。这种赞美又叫吹捧，多数情况下，它可能只是旁人的一种客套，有的时候，它不怀好意，目的就在于麻痹你，摧毁你。

爱听人吹捧是一个危险的信号。因为一个人一旦习惯了被吹捧，他就再也听不进刺耳却对自己有益的批评，他会主动远离那些正直的人，与惯于溜须拍马的小人为伍，在他们动人的言词中寻找自己的价值，肯定自己的功绩。而这些小人只是些势利之辈，他们靠着一张嘴混饭吃，不会真的关心你，更不会在你困难的时候援助你，只会落井下石，倒打一耙。接受吹捧就是害自己，拒绝吹捧的人，才能保持理智，随时改正自己的缺点。

一个化妆品推销员正在对一位女士推销皮箱里的产品，他首先夸奖这位相貌平平的女士，说她貌若天仙。女士笑一下，推销员说："你笑起来真的很美。"女士抬起手，推销员说："你的皮肤真嫩，这双手真光滑。"这位很少被人赞美的女士被夸得找不到东南西北，趁此机会，推销员开始教导女士如何让肌肤更白，让头发更顺，让皱纹更少……最后，这位女士买了一堆乳液、香体液、面膜、唇膏、洗面奶……

　　为什么人们会轻易相信他人的吹捧？因为这些人在本质上太过看重自我，甚至有过于自恋的一面，他们一直相信自己与众不同，但周围的人似乎并不这样想，他们长期处于没有"知己"的"孤独"状态，突然冒出一个人来对他们大加赞美，恰好说中他们的心事，于是，他们就变得失去判断力，任人摆布。换言之，明明没有个性的人非要追求个性，就会变得加倍虚荣，也许这才是最可怕的个性。

　　一个人倘若希望自己有更大的发展，首先要警惕那些谄媚的笑脸与奉承的声音，它们都在无形中消磨你的雄心和意志。那么如何判断别人对你的评价是赞美还是吹捧，这完全取决于你对自己的认识。只要保持心态的客观，你能够很清楚地区分哪些人言之有据，哪些人言过其实。拿孔雀为例，如果有人夸奖它开屏时的羽毛很美，那的确可以当做赞美收下，提高自己的自信。但如果有人偏要说开屏时后面的屁股很美，这只孔雀恐怕要小心一点，眼前这个人不是无耻小人，就是想绕到它身后抓捕它。

　　每个人都希望自己能够得到很高的赞美，赞美的声音越高，自我满足感越大。但是，我们需要时刻清醒地认识到，赞美之外还有更多的东西需要我们去体验。你并不是别人赞美的唯一对象，别人的赞美只是肯定一个时期的你，想要延续这种钦佩与羡慕，就要付出更多的努力，看一看那些真正值得赞美的人。而吹捧的声音能躲就躲，那只会让你忘记现实，沉浸在虚假的满足中。一个人的自信来自内心，而不是自己高调的表现、他人恭维的腔调。随时保持谦虚的态度和个性，才能走出自我，看一看人外的人、天外的天。

不必和所有人亲密无间

卡诺是公司新来的文秘，他的能力很好，精通三国语言，为人还很勤快，上司还没有吩咐，他就能将工作做得井井有条。此外，卡诺的脾气很好，对待同事热情有礼貌，所有人都觉得他是不可多得的好员工，只有上司达利先生不这么认为。

达利先生起初很满意卡诺的表现，很快他就发现卡诺总是喜欢纠正上司的错误。有时候达利先生说话用错一个句子，卡诺就会当场将正确的句子说出来，弄得达利先生很没面子，在场的其他人也很尴尬。

而且，卡诺对达利先生就像对待自家兄弟，一点也不客套，见了面甚至直接叫名字。达利先生的不满日益增加，卡诺被炒了鱿鱼，到最后也不知道自己究竟做错了什么。

能力一流的秘书卡诺不明白老板达利先生为何辞退他。老板不会说出辞退卡诺的真实原因仅仅在于卡诺对他太亲密。不论何时，老板就是老板，不是你的朋友或者兄弟，任何时候都要对他表示出下属的恭谨，才能满足老板的虚荣心。像卡诺这样动不动就指出老板的错误，直呼老板的姓名，老板可以直接送他一个评价——不识抬举。

下属和上司不能亲密无间，因为他们之间的关系并不单纯，下属是上司渴望得到业绩的人，上司是下属倚仗获得收入的人，他们之间是一种明确的利益关系。何况，下属还是上司的潜在竞争者，上司很难与下属交心，相反，他们要防备下属可能超越他们的地位。

人与人之间的关系分为疏远、普通、亲密三种。对厌恶的人，人们会下意识的疏远，对朋友、亲人，人们会表示亲近。还有一些人生性单纯或太过热情，他们对所有人都亲密，但是，当人和人之间存在利益冲突，这种亲密只能是暂时的、虚假的，一旦相信，就有可能害了自己。亲朋好友之间尚有隔阂，何况是和自己没有深厚感情的人？

唐女士是 A 公司很有声望的高级主管，不但业务熟练，对上级恭敬，对下属关心爱护，自己业绩好，还懂得为他人着想。她总是说在社会上不能那么世故，应该以诚待人。每到午休时，她就会和同事们聊聊家庭，聊聊生活，大家看上去十分开心。

有一次，唐女士的公公和母亲同时生病，她两边奔波照顾，每天都很疲倦，闲暇时和同事抱怨几句如今的医院挂号如何困难，没想到，公司在第二天就知道了这件事，以唐女士精力不够为理由，把一个本由唐女士负责的大项目交给了另一位主管。另一位主管并不是背后传小话的人，她很尴尬地请唐女士吃饭，向唐女士解释自己并没有在她背后做手脚。

看到对方一脸无奈，唐女士不知道该不该相信她，同时也后悔自己为什么要多话，让整个办公室的人都知道自己家的事。是不是她一直以来的做事方法都存在问题？她又想起上级曾隐隐约约暗示过她，不要在办公室讲太多私人的事，有些人中午需要休息，却不得不强打精神听她说话。唐女士决定，为了杜绝这种情况，今后再也不在工作场合谈论私事。

已经成为主管的唐女士犯了一个新人才会犯的错误——在工作场合大谈自己的私事，她谈到最近公公和自己的母亲同时生病，很快，好事的人就把这个情况告诉给公司高层，公司取消了唐女士负责的项目。唐女士当天就检讨自己对人太过亲密，把同事当成朋友，随随便便透露自己的信息，自然会给有心人以可乘之机。

很多大公司明文禁止在办公时间和办公场合谈论私事，一来办公室不是菜市场，吵吵嚷嚷会影响其他人的工作热情和工作效率；二来工作上的事一旦牵扯到私交，就有很多说不清道不明的情况，让管理者头疼，所以，管理者希望员工们保持合作者的关系，而不是朋友。

对于我们来说，成长的每个阶段都有合作者，有同学，有校友，有同事，有上司……这些人和自己有相同的目标，齐心协力地做同一件事，为此会彼此关怀，彼此帮助。但是，合作者毕竟不是朋友，朋友间的着眼点是感情，为了这份感情，人们愿意牺牲自己的利益；合作者的着眼点则是共同目标，即共同利益，为了利益，人们才有条件地付出感情。

　　在现代社会，我们所要学习的第一堂人际课，就是不要轻信于人，更不要与所有人亲密无间，要理智地区分什么样的人适合做朋友，什么样的人仅仅是合作者，对合作者，要有所保留，有所顾虑，才能更好地保护自己，尊重他人。

改善人际关系第一步：为他人着想

　　一个农夫赶着一匹马和一头驴去城里，它们背上都驮着沉重的包袱，里面装满各种货物。马对驴说："兄弟，我昨天干活的时候脚受了点伤，你能不能多帮我驮一点？回去我一定好好谢你。"驴冷冷地说："我背上的东西已经够多了，不管脚有没有受伤，你都应该完成你的工作。"马没办法，只好继续走。

　　又走了一段路，马疼得全身冒冷汗，又一次向驴求助，驴依然冷漠地拒绝了马。

　　又走了一段路，农夫终于发现马的身体不对劲，他看到马的腿上出了血，连忙把马身上所有货物都放在驴背上。不肯帮马分担的驴只能驮着所有货物，气喘吁吁地走向集市。

　　驮货物去集市的驴拒绝帮助受伤的马，它的自私并没有为自己带来轻松。主人发现马受伤后，把所有的货物压在驴身上，自作自受的驴只能驮着沉重的货物走向集市，把自己累得半死不活。自私的人经常吞下自己种下的苦果，不知道这头驴是否后悔当初没有帮马？

在现实生活中，为了生存、为了竞争、为了自尊等原因，每个人都要为自己的利益努力，遇事首先会考虑的就是自己的利益。但为自己考虑并不意味着每个人都要自私，只想着自己，丝毫不为其他人考虑。恰恰相反，只有那些会为别人考虑的人，才能在困难时候得到大家的帮助，渡过难关。因为这个人的善良友好已经被别人牢记，别人受过他的照顾，自然会想在他困难的时候报答他。

我们每个人在小学阶段都曾参与过类似于"一帮一结对子"活动，一个好学生和一个差生结成对子，互相帮助。好学生去差学生家里带动对方一起认真学习，而差生也在自己擅长的范围内帮助这个好学生。这样的人大多成为好朋友，他们在帮助对方的同时，既提高了自己的能力，也在不知不觉中提升了心灵的高度。长大后我们都很怀念那段时光，然后由衷感激，谁不是在其他人的关心和帮助下才能健康成长呢？

良好的人际关系不仅能帮助自己成长，渡过各种难关，还是开拓事业的助力、幸福生活的保障。在事业上，一张良好的关系网可以让人得到各种各样的信息和资源，通过朋友结识朋友；在生活上，愉悦的人际关系能够减少摩擦，保证自己做事更加顺利。越来越多的人开始重视人际关系，人们发现想要改善人际关系并不困难，关键在于你会不会为他人着想。

几个老同学在酒店吃饭喝酒，气氛很热闹。其中一个最近刚刚做成了一笔生意，得意地向朋友们吹嘘自己如何利用同行的矛盾战胜对手公司，得到了这笔单子。在座其他人难免附和着吹捧他，只有一个人脸色不太好看，喝了几杯就找个借口告辞了。

那个人走后，其他朋友忍不住说："都是老同学，我们说话不用客套，可老高最近生意不好，欠了一大笔债，你怎么能在这个时候跟他说你生意好？"

尽管人们总是强调人与人应该互相体谅，但常常一高兴就忘记了旁人的心情，一不注意就伤害了别人的自尊。体谅固然不是随时随地看别人的眼色，但那些显而易见需要你迁就、需要你鼓励的人，不要睁一只眼闭一只眼，表达一下你的关心，哪怕只有一句话。体谅还有一个最低限度，就是别人挨饿的时候，即使你不能为他送上食物，也不要在他面前吧唧吧唧吃得起劲，这样做的结果不但让对方厌恶，也让旁人看着烦心。

如果每个人都懂得换位思考，愿意站在别人的角度考虑问题，就算不能对别人有所帮助，也能让自己更了解他人，更了解问题的所在，不致因偏见发生错误，因误会产生不和。换位思考是改善人际关系的第一步，也是最有效的方法。

与人相处时，我们需要尽量抛除偏见和不满，努力站在他人的立场，想想他人的需要，在这个基础上，语言就会更温和，态度也会更友好，有时候会放弃自己的一点利益成全别人。这样一来，不但自己心里舒坦，也在他人心中树立了一个可亲可敬的形象，就像一位名人所说："为你赢得成就的不是你的成功，而是你为别人做了什么和你那颗善良的心。"

4 和负面思维断、舍、离

　　人们常常觉得不如意，常常因突发事件打乱自己的计划，常常觉得自己做的事永远达不到自己的预期，其实这只是思维方式出现错误，事情并不像你想象的那么糟糕。

　　切断苦闷，抛离成见，舍弃固定的思维模式，换一种形态、换一个角度看待我们的生活，天空的每一片阴影都预示其后光明的来到。

在对手身上，我们能学到更多的东西

今年 30 岁的马瑞事业有成，当记者问起他的成功之道，他毫不犹豫地回答："因为我擅长向对手学习。"

从小学开始，马瑞就擅长给自己寻找对手，他始终盯着班上学习最好的同学，观察他的听课方法、解读思路、阅读书籍，按照对方的方法加倍努力。从小学到高中，马瑞靠着向第一名学习，取得了优异的成绩。到了大学，他给自己确立了更多的对手，也学习了更多的东西。进入社会以后，这个方法更让他如虎添翼。马瑞认为一个优秀的人应该博采众长，而从对手身上，能学到最优秀、最有用的东西，再加上好胜心，自己会格外努力。

马瑞又说，对手并不是敌人，他和其中几个对手是无话不谈的好友，直到现在还联系。

提起对手，人们最先想到的都是敌意、竞争这些词语，事业有成的马瑞用自己的经验告诉他人：对手不一定是敌人，相反，他们会给你最多的启示，最大的激励。马瑞从小学就在对手身上学习优秀的习惯，他的成功既来自自身的努力，也来自他为自己选择了好的对手。

想要获得成功不是一件容易的事，除了一股不服输的精神，还要为自己寻找适当的目标，以对手的成就激励自己，努力突破。这个"适当"需要用心把握，目标太高，容易产生心理落差，目标太低，胜利太过简单，没有难度。一个人想要出人头地，一定会遇到对手，就像在同一个跑道，你很努力地向前跑，却发现有个人、有些人始终在你前面，无论你怎样加劲也无法超过他们，这样的人就是对手。对手会给你带来更多的磨难，甚至会导致你的失败和绝望。但是，没有对手的人生是寂寞的，就像金庸笔下的独孤求败，走遍大江南北想找一个对手，却只能每天面对着悬崖绝壁，与神雕为伴，体会高处不胜寒的孤寂感。

在拳击运动员的圈子里，年轻的拳击手们都梦想有一天能够站在擂台上，擂台的另一边是泰森或者霍利菲尔德，因为能与世界拳王打擂台，证明他们也有拳王的潜能。在拳击世界，一个能够选择对手的人才有真正的实力。对手的强大恰恰能体现他的价值，证明他的优秀。想要进步的人善于寻找对手，定下的目标越高，就越有拼劲，越能激励自己，甚至学到更多的东西。

耀辉公司正在举行招聘会，经过几轮考核，老板亲自审阅了人事经理送上来的求职档案。他对一个叫王斌的年轻人留下了深刻的印象，王斌不但成绩优秀，更难得的是他有谦虚的态度。当人事经理想要让他做一个部门的小主管时，王斌说："我只是个新人，不应该从一开始就担任这样的职务，我希望从基层做起，逐步锻炼自己的能力。"

王斌果然如自己所说，从普通员工做起，一步一步成长，他不但业务能力优秀，还经常给公司提一些有用的建议，他的上级们都很倚重这个能干的年轻人，老板对王斌的印象越来越好。随着王斌的升职，王斌的下属们也都对他赞不绝口。

五年后，王斌已经成为公司的一把手，他带着一批员工集体跳槽到一家名不见经传的同类公司，联合一些同行一起抢耀辉公司的生意。老板大骂王斌忘恩负义，王斌却说："我跳槽的这家公司其实是我父亲开的。当年我还在读高中，你挤垮了我父亲的公司，所以大学毕业后我去了你的公司，观察耀辉的弊端，拉拢那里的员工，为的就是这一天。"这个时候，市场份额已经被王斌占领了一大半，耀辉的老板无力回天。

这是一个现代版本的"卧薪尝胆"故事，为了重新振兴父亲的公司，王斌大学毕业后进入对手的公司，在对手手下做事，最后摇身一变，成为对手的强劲敌人。父亲的公司破产，王斌一直思索如何才能变得比对手强大，他想到的办法最直接也最有效：与其思索应对措施，不如先把对方的东西全都学过来。

想要超过对手，先要学习对手。从对手那里我们可以学到更多的东西，能够被我们视为对手的人，在某些方面一定比我们强上很多，这个时候，对手就是现成的学习样板，我们可以本着"拿来主义"的精神，直接将他们优秀的经验消化吸收，还能够从他们的失败中总结教训。学习对手的优点，不犯对手的错误，是很多人的成功法则。当一个人掌握了对手的全部优点和缺点，知己知彼，自然能百战百胜。

对手并不是敌人，有可能是亲密的朋友，有可能是自己的亲人、爱人，只要发现有人在某一方面非常优秀，自己也想要达到那个人的标准，都可以将那个人视为对手，以此激励自己。一个善于选择对手的人也善于定位自己的人生，他选择的对手就是他追求的价值。要感谢我们的对手，他们的存在，不断地激起我们的斗志，磨砺我们的韧性，使我们的人生更加精彩，更加丰富。

选择朋友就是选择人生

在古代，有一个叫管宁的书生，他有一个叫华歆的朋友。有一次，两个人在菜园里干活，从地里捡到了一块金子。管宁认为这是不义之财，看都不看一眼。华歆看到金子，双眼发光，连忙捡起来细细查看，直到注意到管宁冷冷的目光，才把金子扔掉说："君子怎么能爱财呢！"

又有一次，两个人坐在一张席子上读书，有个大官乘着轿子从门前经过，华歆羡慕不已，跑到门口看那位大官的排场，回来后不住对管宁称赞大官的轿子是如何豪华，手下如何气派。管宁拿出一把刀子割断席子，对华歆说："道不同不相为谋，从今天起，你不是我的朋友。"

在古代，正人君子代表道德修为的高级境界，君子大多是一心读书的人，他们重义轻财，以国家社会为己任，他们想要得到功名，为的是做出一番利国利民的事业。管宁就是这样一位君子，通过捡金块和看轿子两件事，他看穿了朋友华歆的贪财与虚荣，俗话说"人以群分"，以管宁的正直，自然不屑于与华歆结交。

"管宁割席"是我国著名成语，人们常常拿管宁做例子，教导他人要妥善选择自己的朋友。在我们的人生道路上，不可小看朋友对自己的影响。当年孟子的母亲三次搬家，就是希望孟子在一个有很多正人君子的环境下，受他们的熏陶长大，并结交高尚的朋友。有时候，你选择和什么样的人来往，就选择了什么样的人生。

常言道："多个朋友多条路。"很多人认为朋友越多越好，因为每个人都有自己的特长，这些特长都有可能转化为对自己的援助。也有人说交朋友最好能像战国的孟尝君那样，连鸡鸣狗盗之人也能结识。但他们忘记了，孟尝君结交的不是偷鸡摸狗的强盗，他们在孟尝君有难的时候愿意挺身而出，是有节操、能够急人之危的君子。结交朋友首先要看的不是对方的相貌、才能、家世，而是他的人品。我们国家历来讲求君子之交，如果一个人的朋友有君子的品德，就像管仲遇到鲍叔牙，他可以将自己的一切托付给这位朋友。

选择什么样的朋友，代表了一个人的人生态度。孔子说："与善人居，如入兰芷之室，久而不闻其香。与恶人居，如入咸鱼之肆，久而不闻其臭。"不论是芳香还是恶臭，闻得习惯了都会习以为常。选择一个有德行的人做为朋友，不知不觉会受到他的熏陶，模仿他的举止，让自己的素质在不知不觉间得到提高；相反，选择一个没有品德的小人做朋友，自己也会变得自私、狭隘，更可怕的是，因为身边都是这样的人，察觉不出自己的缺点，久而久之，对坏事习以为常，自己也变成了同样的恶人。

最近，周亮的母亲常常为上高中的儿子烦恼。今年高一的周亮在开学一个月后交了个好朋友，这个男孩是附近有名的小混混。周妈妈好几次看到他和一群社会人士混在一起抽烟，还听说这个孩子经常打架滋事，就连上高中也是靠着家里有钱。

再说周亮，这个孩子从小就听话，学习用功，成绩一直不错，所有老师都夸他是重点大学的苗子。周妈妈担心儿子跟小混混在一起会变坏，几经考虑，她郑重地和儿子谈了一次话，希望儿子能交一些学习好、品德好的朋友。周亮则抗议说，他认为这个朋友人很好，很够义气，也很有思想。母子二人常常为这件事发生争吵，周亮我行我素，依然和那个男孩来往。想到儿子大了有自己的主意，周妈妈不再多管。

过了两年，令周妈妈惊讶的事发生了，和儿子在一起的男孩像是变了一个人，不但学习成绩大幅度提高，和人接触彬彬有礼，还将过去那些打架抽烟的毛病也全都改掉了。高三开始，男孩和周亮一样进入高三快班，每天都来周亮家里复习功课。一年后，两个孩子一起考上了重点大学，让周妈妈喜上眉梢。

当我们总是想要选择一个值得尊敬、值得学习的人成为朋友时，千万不要忘记一点：友谊是双方的，感情的付出是相互的。当我们考虑对方能为自己带来什么时，也要努力思考自己能为对方做些什么。真正的友谊都是相互的，当两个人愿意朝好的方向发展，自然会选择二人身上的优点作为标准，共同学习，共同进步，好的朋友，会让人受益终身。

人生得一知己足矣，什么样的朋友算是知己？古书上说："士有诤友，则身不离于令名。"说的是正直的、敢于指出你缺点的朋友能让你一生都有好的名声。当所有人都碍于情面、出于惧怕，对你的缺点睁一只眼闭一只眼，真正的朋友却会一针见血地说出它，让你改正。真正的朋友不希望你因为缺点吃亏，比起自己，他们更关心你。

所罗门说："一千万个人中，只有一个人能够成为你真正的朋友。"真正的朋友可遇而不可求，需要避开那些虚伪的笑脸。快乐的时候，真正的朋友也许不会出现，当你有困难的时候，他们总是第一时间来到你身边；真正的朋友会有矛盾，但他们会尊重对方的选择……慎重选择朋友，用心对待朋友，朋友一生一起走，好的朋友是每个人一生最大的财富。

放下身段，才能提高身价

1974 年，根据阿加莎·克里斯蒂的《东方快车谋杀案》改编的电影上映，因其强大的明星阵容和灵活的拍摄手法获得奥斯卡提名，其中，演员英格丽·褒曼获得最佳女配角奖，这也是奥斯卡第一座最佳女配角奖杯。

与英格丽·褒曼角逐这一奖项的是女星弗伦汀娜·克蒂斯，在颁奖晚会上，弗伦汀娜有些失落。英格丽·褒曼对记者说："我并不认为自己是真正的获奖者。"并称赞弗伦汀娜的演技，无形中，不但弗伦汀娜觉得脸上有了面子，在座的嘉宾都认为英格丽·褒曼谦虚有气度，不但有胜利者的实力，更有胜利者的风度。

作为奥斯卡首名奥斯卡女配角获奖者，英格丽·褒曼有资本在媒体面前炫耀自己的成就，大谈自己的心得，向世人讲述成功之道，但在这个时候，她选择的是考虑对手的心情和面子。她赞美对手弗伦汀娜·克蒂斯，称对手才是真正的获奖者，这种谦虚为她带来了对手的尊敬和更多的荣誉——当一个人愿意放下自己的身段，她的身价就会在无形中提高。

身段，是一个人因某方面的优秀而产生的优越感，有身段的人认为自己高于常人，因此看不起、贬低别人，在这个时候，他们不可一世的态度成了伤人的武器，他们的优秀也不再为别人欣赏，相反人们会说："有什么了不起，比起××，你差远了！"这个××也许并不如有身段的人，但他却能得到他人的衷心称赞。这就告诉人们，与人相处不能端架子，架子大是对他人的一种不尊重，也会给自己带来麻烦。

有个成语叫"鹤立鸡群"，形容一个人卓尔不群。那些自认有身段的人，自我欣赏到了一定程度，总把自己当成仙鹤，将旁人看做鸡群。其实，一只生活在鸡群里的仙鹤日子并不好过，周围都是鸡，自己显得格格不入，鸡们有自己的生活、自己的喜好，不一定会把这只高高在上的鹤当一回事，看不顺眼的时候甚至会群起而攻之。这种情况下，只有那种愿意低下头和鸡类交谈的鹤，才能和鸡成为朋友，友好相处。

有时，触类旁通是激发灵感的最佳途径，学问的提高在于不懈地积累，这个积累不止有高度，还要注意宽度。经常和身边的人交谈，听听他们的学问，理解他们的想法，都有助于拓宽自己的视野，提高自己的知识面。只有不错过任何一个学习机会，广泛地接触社会各个层面，才能全面开拓自己的思维。

鲁班是土木工匠的祖师，他在年轻时就以精巧的手艺闻名于世，据说他曾做了一只木制的机械鸟，在天空飞了三天三夜才落下。鲁班的名声越来越大，很多人前来拜师，向他学习手艺，鲁班的门徒众多，最多的时候，修建一座塔他会带一百个徒弟。

鲁班不但教授这些徒弟木匠技能，还很注意从徒弟身上学习。当发现徒弟有了好的想法、好的技术，他不会考虑师父的身份，会主动谦虚地向徒弟询问，听徒弟详细讲解，也会以自己的经验指出徒弟的不足，帮助徒弟改进。有这样的个性，鲁班的手艺越来越高超。直到现在，我国建筑类国家级奖项，依然以鲁班命名。

孔子说，对待学问需要"不耻下问"，意思是想要得到知识，就要虚心向不如自己的人请教问题。鲁班身为一个老师，能够不摆架子，向自己的学生学习知识，难怪他能够始终保持旺盛的创造力，得到丰富的学识，获得巨大的成绩。如果鲁班总是想着师傅必须比徒弟强，碍于面子不肯向他人学习，他的路子会越走越窄，成为一个古板僵化的人。

很多时候，我们拘于自己已有的成就，不愿向看起来不如自己的人请教，这是一种思维误区：为什么你会认为别人不如自己？举最简单的例子，在每一个住宅小区都有很多坐在矮凳上晒太阳的老人，很多人认为他们是一群无用的人，但他们中的任何一个都有丰富的人生，他们的阅历足以指导你的生活。即使那些看似失败的人，也有一笔你无法媲美的经验。

评价一个人是否成功，标准本来就不单一，更多时候"远近高低各不同"，那些看着矮的，走近以后才发现是一座大山，如果因为自己一时的偏见没有走近，岂不成了"有眼不识泰山"？你不要小看身边的任何一个人，他们也许成绩没有你好，但却有好的人缘；人缘没有你好，却有好的特长……每个人都有优点，发现这些优点，才能真正做到平等待人。放下身段是胜利者才有的风度，不论何时都要牢记一句经久不衰的名言：谦虚使人进步。

不要给自己消极的心理暗示

美国科学机构曾做过一项颇受争议的实验，科学家将一个男人固定在一把椅子上，蒙上眼睛，然后用一把钝刀划了一下男人的胳膊，并在他的胳膊上放了一个可以流水的容器。当男人听到水流声，科学家告诉他，胳膊上的口子有多长、多深，现在正在流血——实际上，那把刀并没有划破男人的皮肤。

令人惊讶的事情发生了，这个没有一点损伤的男人越来越害怕，心跳越来越慢，血压越来越低，他不断地重复说："我要死了，我就要死了。"最后，他真的被自己的恐惧吓死在实验室，他的身体依然没有受任何伤害。

因为一个并不存在的伤口，一个人自己吓死了自己，这个看似荒谬的故事却是美国真实发生过的一个科学实验。当那个男人不断提醒自己伤口的长度、深度，听到"流血"的声音，告诉自己血即将流光，自己很快就要命丧黄泉，他的全身细胞都接到了死亡暗示，心跳越来越慢、血压越来越低。一个精神垮掉的人，肉体也会被恐惧打倒，最后走向死亡。

这是一个关于"心理暗示"的极端例子，旨在说明暗示有极大的能量。人的心理是一个复杂的话题，科学无法解释意识的产生和作用，但却能肯定地说，人的情绪对行为有极大的影响。积极的人做事容易成功，生活容易幸福，消极孤僻的人容易自闭消沉，很难感到快乐。还有，每个人都可以通过心理暗示的方法影响自己，改变自己的生活状态。

一个女孩如果经常对着镜子说："我很美丽，我很有气质。"并且配合着练习自己的仪态，时间久了，看到她的人都会觉得她是个美女，因为她所散发的自信极大地影响着别人的情绪。心理暗示并不只是对自己有效，对他人也有同样效果。我们经常看到那些性格阳光的人吸引很多朋友在他周围，他的个性就像一个磁场，让靠近他的人不知不觉有好的心情。

相反，如果一个人长期生活在压抑的环境中，很容易造成性格问题。奥地利著名作家卡夫卡就是这样一个例子，他有一个粗暴而专制的父亲，这位父亲一直希望儿子能够有一番事业，不欣赏儿子天生的敏感和才华。在父亲的打压下，卡夫卡常年感到孤寂与绝望，看不到自己巨大的文学能量，甚至在去世之前嘱托朋友烧掉自己的所有作品。这就是消极的心理暗示对人产生的不良影响。

　　一个男人住在三楼，他家楼上住着一个总是值夜班的警卫，这个警卫有个很不好的习惯，每天三更半夜回到家后，他脱掉沉重的皮鞋扔在地板上，发出巨大的响声，这一前一后两声巨响总是让三楼的男人从睡梦中惊醒。有一天，三楼的男人决定不再忍耐，他敲开警卫的门，严肃地说了这个问题。警卫表示他今后一定注意不影响别人的休息。

　　第二天，警卫凌晨三点回到家，习惯性地扔出一只皮鞋，突然，他想起楼下的人的抗议，就把第二只皮鞋轻轻地放在地板上，一个小时后，警卫的门被敲开，三楼的男人愤怒地说："你什么时候扔第二只皮鞋？我已经等了一个小时！"

　　这个男人习惯了听他楼上巨大的脱鞋声，一旦警卫迟迟不肯脱另一只鞋，楼下的男人担惊受怕，害怕他睡觉以后警卫再次扔鞋。这个男人已经陷入习惯性恐慌，失去了分析问题的能力，他没有想到一种更加简单的可能：警卫已经安静地脱掉另一只鞋，现在正在睡觉。

　　有些时候，我们经常会给自己一些不良暗示，比如，出门迟了五分钟，如果不停想着"一定会迟到、一定会迟到"，结果出门忘了锁门，走路撞了人，因为回去锁门和回头道歉浪费了更多时间，最后还是没有按时到达公司，暗示变为现实。在消极暗示的影响下，人们由追求好的结果变为等待坏结果来临，这样的暗示就是自己困住自己，让自己失去动力和勇气，只想应付了事，祈祷事情的结果不会更糟，而不是努力做得更好。

　　同样地，好的心理暗示也能够拯救自己，俄罗斯著名运动员、撑杆跳选手伊辛巴耶娃每次比赛前，会在赛场边将自己蒙在一个被子里，在一片黑暗中，她努力集中精神，重复着鼓励自己的话，每一次，她都会超越自己，当人们问她最终目标是多高，她回答："天空。"当她暗示自己是一只鸟，就真的一次比一次跳得更高。

现代心理学认为，人的意识像一座冰山，浮出水面的只是极小的一部分，沉在水下的潜意识拥有巨大的能量，甚至能够改变一个人今后的命运。当我们知道了关于心理的秘密，就能利用它改善我们的生活。如果我们经常对自己说："嘿，你是个漂亮的姑娘"或"哦，你是个多么聪明的小伙子"，就能够给自己更多的自信，因为人的潜意识有时能够决定自己的发展方向。任何时候都不要给自己消极的心理暗示，既然事情就要发生，为什么一定要想着失败？给自己一些成功的暗示和更多的信心，潜意识的能量将会帮助你战胜自我，创造一次又一次的奇迹。

苛求环境不如改变自己

黑夜来临后，三只蜥蜴凑在一起，探讨生存的艰难和环境的险恶，它们住的地方有很多抓蜥蜴的大型动物，被它们发现，就会有生命危险，已经有很多同伴成了别人的食物。

究竟用什么办法才能保护自己？三只蜥蜴各抒己见。

第一只蜥蜴说："我决定挖一个深入地底的洞穴，躲在里边。"

第二只蜥蜴说："我决定去更辽阔的草原居住，那里的危险更少。"

第三只蜥蜴说："我认为你们的方法行不通，住在洞穴里虽然安全，但出去觅食的时候仍然会被抓住。草原里会有新的危险，到时候还是手忙脚乱。我决定练习根据周围环境改变皮肤的颜色，这样敌人看不见我，我就能保证自己的安全。"

三只蜥蜴一致通过第三只蜥蜴的提议，经过努力，它们成了一种奇特的动物，将周围环境当做自己的掩体保护自己，靠着这层保护色，它们生活得自由自在。

这种蜥蜴的别名叫做变色龙，它们能够根据周围的环境变化自己表皮的颜色，在恶劣的生存环境中躲避天敌，保全自己。它们知道面临巨大的生存压力时，逃避并不能解决问题，只有努力适应环境，才能找到利用环境、战胜环境的办法。

达尔文的进化论提倡这样一种观点：物竞天择，适者生存。每一种生物想要存活，都需要学会适应环境、改变自己。这条规律贯穿了整个生物界的发展，包括人类社会的历史。一个有适应性的人在任何时候都能如鱼得水，活得开心自在，这是很多人无法达到的境界。

人生充满不如意，环境常常让人沮丧不安，我们不能变成超人，能力始终只能局限在一定水平上。于是我们的思维经常陷入这样一个误区，认为全世界都在和自己作对。就像一个坐在考场上的考生，发现试卷上全部都是自己没有复习过的题目，在焦急的情绪下，不停埋怨老师为什么要考如此困难的问题。这时候他们已经完全忘记了考试的目的就是测试学生的水平，有能力的人不论遇到什么题目都不会害怕，只有准备不足的人才会责怪题目不好。

人生也是一道从未复习过的难题，没有指定教材，没有复习范围，更没有标准答案，我们只能把过去的经验当成公式和定理，再用我们或者成熟或者幼稚的思维写下自己的答案，但是，面对不同的题目，我们很可能会用错公式、写错结果；有时我们会抄袭别人的答案，但得到的分数总是不尽人意。我们希望人生处处符合我们的心意，实际情况却是看到其他人很轻松，很成功，自己始终找不到正确的方法。我们没有想过，问题的关键在于我们没有正视自己身处的环境，我们想要逃避它、改变它，没想过要利用它、征服它。

一个勤政爱民的国王接到了大臣的报告，大臣说，近日发现国境内有一个部落住在某座大山里，山路崎岖，那里的人光着脚走路，冬天的时候，脚上会冻出裂口，夏天的时候，皮肤上布满污泥。国王怜悯这些臣民，决定用牛皮将山上的每一块土地包住，让住在那里的人们不再受苦，他立即命人去铺牛皮。

可是丞相制止了皇帝的命令，他说："陛下，一块牛的皮才多大，山上土地的面地有多大？就算把我国的牛全杀掉，也铺不满那里的地面，而且山上有作物、有动物，包了牛皮，它们如何生长？不如陛下用牛皮包住那些臣民的脚，既免除了他们受苦，又让他们行动便利。"

国王依言而行，据说这就是皮鞋的来源。

国王爱惜臣民，希望能用牛皮包住一座大山，减轻臣民走路时的痛苦，这个方法显然不切实际。丞相提出了更好的解决办法，用牛皮做成皮鞋，给每个臣民发一双，这种方法可谓两全其美，战胜困难的第一步就是要承认困难、适应困难，然后才有可能解决它、克服它。

在世界历史上有很多土地贫瘠的国家，为了生存，游牧民族选择迁徙放牧和抢劫，农耕民族选择寻找肥沃的土地定居，殖民者去侵占其他国家以获得资源。以色列是个例外，针对本国水土资源现状，以色列科学家研究出一种滴灌技术，用特殊的塑料管道把水送到作物根部，大大减少了水的浪费，使干旱贫瘠的土地上也能出产各种作物。可见，只要付出足够多的耐心和观察，任何困难的环境都能够靠智慧征服。

有梦想的人总希望自己能够改变什么，自古以来，仁人想要兼济天下，志士希望救国救民，名将想要扫荡敌寇，但不论有多么大的志向，首先要过的是现实这一关。现实是残酷的，仁人有时吃不饱饭，志士有时报国无门，名将有时空有一肚子兵法却是个光杆司令……梦想需要成本，这个成本只能向环境索要，如果不先迁就环境，环境怎能给你想要的东西？

我们的生活也是如此，计较环境、感叹自己怀才不遇的人，大多不会比那些埋头苦干的人更成功。前者挑生活的毛病，后者找困难的破绽；前者还沉浸在自怨自艾的茫然中，后者已经得到了战胜困难的启示。如果有一天，当你遇到不如意的事，想到的不是哀叹，不是诅咒，而是鼓起雄心，兴致勃勃地想要征服它，你就抓住了成功的钥匙，因为生活看似不公平，实际却最公平，那些愿意接受它的人，总能得到更多的回报。

每一件小事都值得你努力

在非洲，一头受伤的小象倚靠着它的妈妈———一只年老的大象，象类体积庞大，每头象都有三到七吨的重量，一旦倒下，就再也不能爬起来，所以，受伤的象都会倚靠着同伴，直到痊愈。现在，小象似乎有了好转的迹象，它试着抬起笨重的前腿，迈了几步，很快走了起来。象妈妈叫了一声，很高兴看到孩子康复。

这时，悲惨的一幕发生了，小象走过一条小河时，被一块圆石绊倒，跌进了河里，因为沉重的身体，它不能把自己支撑起来，只能苦苦地在河水里挣扎，年老的象妈妈无处求救，只能眼睁睁地看着孩子溺毙在河水里。

一只巨大的象竟然会被小小的石头绊倒，失去了性命，这不可思议的一幕值得人们深思。"小"也有迷惑作用，看似小的东西有时却会成为巨大的阻碍，即使如此，人们仍然常常轻视它。事实上，当我们想要向最高远的目标迈进时，首先要注意的不是方向对不对、路线好不好，而是脚下有没有一块绊脚的石头。

常言道"千里长堤溃于蚁穴"，几千米长的坚固堤岸，却因为小小的蚂蚁决堤，造成灾难。某个国家发射卫星时，火箭在大气层发生爆炸，科学家们经过详细检查，发现原因不是硬件出了问题，而是引擎的一块电池质量不好。一块只有几百元钱的电池，让一个花费巨资的航天项目彻底泡汤。多少看似强大的事物，败亡的原因仅仅是一件不起眼的小事？

在生活中，人们常常忽略一些不起眼的小事，认为那些事不重要。这种轻视造成了人们的思维盲点，人们说生活不是计算题，不必精确到小数点，但有的时候，生活却比圆周率更加要求精确，一点火星没有控制好就可能引起火灾，一个角度选得好就可能照出最完美的照片，小事里藏着大智慧，万万不可马虎。

据说长跑教练为学生们上第一堂课时，会对那些刚刚参加训练的孩子们说："你们要学的第一件事很简单，但不要小看它，如果做不好这一件事，你们就甭想赢得任何一场比赛，这件事就是——系鞋带。"有人将不拘小节当成一种优点，认为马虎一点的人更有真性情，但面对挑战，任何一种疏忽都可以成为失败的理由。不论是长跑选手的鞋带，还是乒乓选手的球拍，不注意小的事物，总会遇到大的麻烦。

一家仪表公司的老板正在麦当劳餐厅用餐，他并不喜欢快餐，只在赶时间的时候才匆匆忙忙进来吃一个汉堡。但这个月，他已经三次走进同一家餐厅，原因是他在观察一个女孩。

老板并不是对这个女孩有意思，而是发现女孩对工作有着超出常人的热情，在她负责收银的时候，她既能麻利地完成工作，又能针对每一位客人的情况，作出推荐或提示。有一次她对一个正在咳嗽的人说："你在感冒，最好不要喝可乐，来一杯热饮怎么样？"能够这样关心顾客的员工已经很少见了，老板从那时起开始注意她。后来，他又发现女孩清扫地面、处理垃圾时，也比其他人更加细心，她脸上总是带着让人舒服的笑容。

经过考虑，老板决定聘用这个女孩去自己的公司工作，他相信，业务能力可以培养，对工作的热情和做事的认真却是天生的。女孩果然如他所料，再小的一件事也会完成得细致周全，后来成了他的得力助手。

善于发现人才的仪表公司老板，在麦当劳餐厅用餐时，发现了一个对工作有超乎常人热情的女孩。别人是为薪水工作，只有她将简单的工作当做事业，细致入微地观察客人的每一个需要，这种精神让老板感叹，经过考虑，他聘用了这个女孩。他相信对小事一丝不苟的人，同样也能做好大事，而那些对小事马马虎虎的人，总会在工作中出现大大小小的问题。

对待工作、对待学业，我们需要防微杜渐，做好每一件小事。对待生活，对待心灵，我们也需要小心仔细。小时候，我们每个人都曾有过储蓄罐，一个陶土制成的小动物，肚子是空的，我们会把硬币塞进去，把它渐渐填满，当它一点点沉起来，我们快乐得像一个百万富翁。在生活中，如果我们愿意留意每一个小细节，把好的存起来，坏的尽快扔掉，我们就能够从中收获无限的快乐，还有更多成功的机会。

此外，我们还要注意性格上的"小事"，譬如，一个自满的人最初只是听不进别人的意见，如果不注意控制这个倾向，他就会变得刚愎自用；一个贪心的人最初只是贪一点小便宜，如果不能收敛，就会变成占大便宜，甚至违法犯罪……收回投得过高的目光，先盯住手边的小事，只有将这些事做好，才能以此为基石，走向更高的地方。

5 和负面感情断、舍、离

　　人世间有千万条道路，爱情之路最为颠簸，伴随其中的往往是失落、哀伤、绝望，可遇而不可求。爱情是人们内心深处最珍贵的感情，即使结果并不理想，也值得为之付出。

　　切断执念，抛离独占，舍弃奢求，真正的爱情不是独占，而是希望那个人比自己幸福。

爱情是双人舞，不要一个人跳

在国外，有这样一个小女孩，她从小就喜欢住在同一楼上的一位作家。她认为这个男人英俊迷人，让她无法自拔。然而，男人是个风流的人，小女孩不知道如何才能独占这个比自己年长的男人，只能默默地暗恋。

后来，小女孩长成了大女孩，她曾经想鼓起勇气和这个作家来往，虽然仅仅是一夜情的关系，甚至还为作家生了一个孩子。但是，她一直没有将自己的爱情告诉作家，作家甚至不知道她的存在。临终前，她给作家写了一封信，详细地叙述了这么多年对作家的暗恋。作家知道后十分感动，但是，他根本想不起这个女人究竟是谁，女人也没有给他留下任何寻找线索。

这是奥地利作家茨威格的一篇小说——《一个陌生女人的来信》。

世界上有没有始终不变的爱情？答案当然是"有"。那么有没有始终不变，却始终不让对方知道的爱情？这样的爱情是否有意义？在《一个陌生女人的来信》中，女主角宁愿暗恋也不愿向作家表白，她坚持"我爱你，与你无关"。她放弃幸福的可能，单单守住了一份暗恋，但这暗恋不会有任何结果，作家甚至不能确定这个女人究竟存不存在。

暗恋者是最辛苦的人，所有的感情对方都不能体会，所有的奉献对方都没有察觉，所有的心血对方都不了解。一个人一味付出，另一个人不闻不问，这种巨大的失衡给人带来的永远是折磨多过愉悦，艰难多过享受。人们说暗恋的人有自虐倾向，他们不管付出是否值得，只一心一意编织自己的爱情迷梦，忘记了爱情的最圆满境界应该是两情相悦、两个人共同分担的甜蜜，而暗恋的人却只能尝到苦涩。

还有一种感情与暗恋同样不幸，就是明知对方不爱自己仍然坚持的单恋。明知没有结果却还是放不开，幻想只要坚持就会有奇迹，只要付出就一定会感动对方。没有人能指责这样的做法是错的，或者是不恰当的，却会惋惜这个人也许即将错过更适合他的人。对于被暗恋的那个人，这份感情同样沉重，当他看到对方无条件为自己付出，却不能满足对方的心愿，最后他只能选择逃避。两个人的爱情不一定是喜剧，一个人的爱情却注定是悲剧。

国外一家心理机构曾做过这样一个实验，参与实验的人一组两人，A要把一个大箱子里的所有东西放在B手里，给予和接受的行为不断进行。渐渐地，A觉得自己把能给的东西全都交给了B，却什么都没有得到；B觉得A给的太多了，自己无法承担，如此一来，A和B都觉得十分痛苦。另一组的两个人则不一样，他们互相给予也互相接受，最后都认为自己得到了很多东西，感觉十分愉快。

爱情也是如此，一旦付出和得到失衡，双方的关系不平等，就会造成一个人成了空壳。一个人负担过重，不如双方互相给予，才能达到完美的境界。

这是一个有趣的心理实验，按照科学研究，自私是人类的本能之一，每个人在内心深处都希望别人多为自己付出，但在两个人的爱情中，一旦一方付出太多，一方接受太多，反倒会造成两个人同时失去轻松的心情，一个在经年累月的奉献中感到厌倦，一个在长久的承担中想要逃避，这时候爱情不再是一件美好的事，而是成为一个沉重的负担。全心全意地付出，收回的不是感动，而是怨怼。

每架天平都有一个重心，天平两边同时增加砝码，它才能保持平衡，一旦失衡，重心就会偏移。爱情是两个人的事，相互的给予才能维持心理和实际上的平衡，失衡的事物会偏离中心，这就是单恋者不幸福的原因。多年前，一首老歌唱出了暗恋者和单恋者的心态："是谁导演这场戏，在这孤单角色里，对白都是自言自语，对手都是回忆，看不出什么结局。"单恋者的美丽是自怜的、悲伤的，那本不是爱情的常态。

美好的爱情应该是两个人的事，两个人一起度过的日子、两个人一起欣赏的风景，是两个人心心相印，齐心协力地朝着共同的目标前进。我国古代就有"执子之手，与子偕老"这样的诗句，单恋者牵不到爱人的手，只能孑然一身走在人生道路上，这是太过偏执的结果。当别人成双入对，你一个人形单影只时，你怎么能有幸福？真正爱一个人，就要当走在他身边的人，而不是一个跟在他身后的影子。

爱情是双人戏，不能一个人演，徐志摩说："我将于茫茫人海寻找唯一之灵魂伴侣，得之，我幸；不得，我命。"与其迷恋一个并不爱自己的人，不如放开执念，去寻找真正的灵魂伴侣。俗语说："天涯何处无芳草。"这句话并不是说一个人应该花心，而是提醒一个人不要在一份不属于自己的爱情上迷失，应该移开自己的目光，去寻找那个真正属于自己的人。

月不常圆花易落，缘分不可强求

一个叫江燕的白领从二十多层高的楼上跳下身亡。

江燕与一个叫汪非的男人恋爱五年，结婚两年，汪非比江燕小三岁。江燕省下自己所有积蓄供汪非读书，等到汪非终于有了有前途的工作，却对江燕说，自己爱上了别的女人，想要离婚。江燕数次想要挽回这段婚姻都没有结果。最后，江燕走上了不归路。

为了一段不完美的感情、一个不忠诚的丈夫、一个卑劣的第三者，年仅 31 岁的江燕放弃了自己理应灿烂的生命。当人们指责汪非和第三者的同时，也都会忍不住对已经死去的江燕说："你真是太傻了。"而江燕最后的 MSN 签名是："如果有来生，要做一棵树……非常沉默，非常骄傲，从不倚靠，从不寻找。"

和汪非离婚后的江燕觉得生无可恋，在自杀前写的博客中详细写了自己的遭遇，包括丈夫提出离婚之后自己的心路历程，也包括丈夫和第三者的照片。她死后，汪非与现任女友遭到了人们的强烈谴责，并导致他们丢掉了工作。

但是，不论人们如何指责汪非和他的第三者，江燕都不能复生，她放弃了本该灿烂的生命。所有为江燕痛心的人都想问问江燕："为了这样一份爱情、为这样一个人值得吗？如果你能再活一次，你真的会作出同样的选择吗？"再看江燕的签名，人们又要问："为什么不在现世做一棵树，难道坚强就一定要等到来生？"

江燕不是一个个例，在生活中，我们总能听说一个人省吃俭用供养另一个人，另一个人却移情别恋，无情地抛弃了深爱他、为他历尽千辛万苦的那一个。人们指责花心的人，除此之外别无他法。爱情毕竟是两个人的事，旁人的指责有什么用？而被抛弃的人有的自暴自弃，有的却能坚强地站起来，说一句缘分已尽，不必强求。究竟这两种人有什么区别？区别就在于前一种人在爱别人的时候完全忘记了自己，一旦那个人不在，他们就觉得生命失去意义；后一种人在爱别人的同时也爱自己，他们知道爱的人虽然走了，但自己依然要好好活下去。

爱是一种无私的情感，爱对方的时候经常忘记自己，是爱情的常态。现在有越来越多的人通过自身经历告诉我们：爱对方的同时，一定要记得爱护自己，因为真正爱你的人，欣赏你的为人，尊重你的个性，希望你更加幸福，一旦你为了对方将自己变为另一个人，很可能就是对方厌倦你的开始。一个爱自己的人，即使经历分手也不会否定自己，因为知道自己努力过，付出过，即使缘分到了尽头。

"毕业那天说分手"，是大学爱情中经常面临的挑战，因为前程的不同，选择城市的不同，继续读书与就业的不同，大学时恩恩爱爱的情侣都会忍痛与另一半分手。

安安就是一个在毕业时向男朋友提出分手的女孩。她和男朋友相恋三年，感情深厚，但是，她发现自己和男朋友并不适合走入婚姻，因为她和男朋友都是恋家的人，他们一个来自南方，一个来自北方，都舍不得离父母太远，而且各自的家庭都有很好的人脉，可以为他们安排好的工作，他们都很犹豫要不要为了一份爱情放弃家庭和前途。

安安认为，既然两个人都在犹豫，说明他们的感情没能深厚到为了对方放弃一切的地步，那么牺牲一个人成全另一个，总会有一个人觉得不甘心，那么不如及早分开。

分手后，安安经历了一段很难捱的日子，终于在两年以后走出低谷。又过了一年，安安认识了现在的老公，很快结婚，生活幸福，这时她听说以前的男朋友也刚刚结婚。他们分手后第一次通电话联系对方，发现对方现在很幸福，很满足，他们并不后悔大学时爱过对方，也不后悔毕业时说了分手，他们只是缘分不够，幸好，两个人没有强求，理智地分开，终于找到了各自的幸福。

大学毕业时，安安和男朋友为前途分开，三年后，他们找到了各自的幸福，当再次联系对方，他们听到了对方一切安好的消息，觉得心中

124

很安详，很幸福，为对方也为自己。比起婚姻，这样的结束固然不够圆满，但何尝不是一种坦然的美丽？

花开就有花落，月圆就有月缺，万事万物有开始就有结束，爱情也是如此。很多人苦苦追求不属于自己的东西，想要留住已经逝去的缘分，即使明知"强扭的瓜不甜"，也要握着一颗苦瓜不放手。结果就是两个人整天生活在痛苦之中；互相折磨。有的人会将爱情当做生命中值得珍藏的礼物，在最适合的年龄送到自己手中，又因为缘分的结束而在自己的生命中隐去，但那美好的感觉却一直让自己心醉。

据说爱情是月老手中的红线，有缘千里一线牵，命中注定的两个人，即使远隔千里，也会聚在一起。相反，没有缘分的人，即使走在同一条街，也会擦肩而过。缘分的到来谁也不能预料，缘分要走的时候谁也留不住，所以人们才会说缘分难求。面对缘分，我们唯有随缘，珍惜它的到来，珍惜它给自己带来的幸福，当它要走的时候，也不要苦苦挽留，潇洒地和它告别，人生还长，总会有另一份缘分值得你去付出。

覆水难收，分手就不要回头

离婚后，小何经常想起前夫小赵。在一起的时候，他们因为鸡毛蒜皮的小事争吵不休，动辄上升到原则高度，谁也不肯让着谁，分开以后，才发现小赵有许许多多别人没有的优点。为了忘记小赵，小何还速地交了新的男朋友，很快到了谈婚论嫁的程度。

这个时候小何发现，自己爱的人始终是小赵，她拒绝了新男友的求婚，想要回头找小赵，却发现小赵也有了新的女朋友，两个人很恩爱。小何陷入痛苦，她的朋友开导她说："你仔细想想，复婚了又怎么样？你能为他改变你的性格吗？他能为你改变吗？你们谁也不会为对方改变所以才会分手，就算复婚最后也还是一样。你只有放开他，寻找更适合你的人。"

小何明白朋友的话都是对的，两个人的爱情只有一次，一旦分开，就是覆水难收。

人生最大的遗憾不是失去，而是发现自己失去了最好的东西。故事里的小何想要重新开始，却发现小赵已经有了新的女朋友。陷入痛苦的小何被朋友开导，难道复婚就是幸福的吗？如果真的有办法，谁会选择分手？只要两个人不能改变各自的性格，第二次婚姻和第一次又会有什么区别呢？——有些感情不是不美，而是不合适，即使勉强走到一起，也不会长远。

当一份爱情走到尽头，分手就成了必然。俗话说覆水难收，过了期的感情即使回收，也不再是原来的滋味，有时候人们想要的并不是那个人，而是当初的激情，但激情一旦冷却，就如死灰不能复燃，和好也就成了一种强求。既然决定分手，就只能按照自己的选择走下去，不要回头也不要后悔。因为后悔只是给遗憾加了一个尾巴，延长的不是幸福，而是错误。

有些恋人有和好的机会，都想重新尝试，再爱一遍，他们很快发现，在分开的过程中，爱人已经有了改变，变得不再熟悉，甚至不能确定自己是否依然爱眼前的这个人。过去曾让自己伤心的那些事还没有忘记，彼此深深的隔阂并不能因为和好而解除，旧的烦恼并没有消除，新的烦恼还在增加，真的像俗语说的："重建比建设更困难。"这个时候他们又认为和好只是一种冲动，把本来结束的故事重新开始，不一定有好结果，也许还不如不要重逢。

何杰从初中就喜欢同学莉莉，高中的时候，莉莉成了他的女朋友，大三时，二人分手。何杰认为自己再也不会遇到一个自己如此喜欢的女孩，他一直希望莉莉能够回头，为此不懈努力。可是莉莉坚持两个人之间已经结束，劝他不要再对自己执着。

何杰的努力持续了五年，身边的朋友都劝他："天涯何处无芳草，再找一个好女孩。"何杰却仍然执迷不悔。又过了一年，朋友们突然收到何杰寄来的结婚请帖，意外的是，新娘的名字并不是莉莉。面对朋友们的询问，何杰说："没有缘分就是没有缘分，放下，对两个人都轻松，何况我找的这一个更加适合我。现在我才能真正感觉到爱情的幸福。"

失恋是一件痛苦的事，被甩更是如此。何杰与一直深爱的女孩分手后，直到几年之后，才终于才懂得覆水难收，交了新的女朋友。人们总是要等到伤痕累累之后，才能明白单方面的守候没有出路，才能明白爱情是双方的，只有适合自己的人才能给自己幸福。

爱情一旦错过，就不能重来，越是不能忘怀，就越是痛苦，越是不能理智地分析。仔细想想，分手不一定是一件坏事，和好多数时候会让人失望。分手，意味着不合适，意味着难以妥协，不合适的人又何必留恋？在爱情的领域，错的人才会分手，你已经放开了一个错误，何苦再去找回它，重复它？错的就是错的，不论怎样修改，都不尽如人意，不会成为正确答案，还不如尽快去找对的那一个。

有人说，失去了懂得珍惜，失去的才是最好的，这是一种极度不公正的评价，其实现在拥有的，并不比以前的差，只是记忆中的事删除了不愉快的部分，变得格外美好罢了。如果因为回忆的美化作用就否定了现在，对于自己，是一种损失，对于身边的人，是一种不公平。过去已经过去，一再回头，就会看不到前方的路，不如把遗憾留在身后，带着感悟去领略更多。故事已经结束，狗尾续貂只会减少人生的乐趣，不如另开新章，写下新的精彩。

你若安好，便是晴天，有一种爱叫做放手

每一个读过安徒生童话《海的女儿》的人，都会为小人鱼的遭遇而感慨。

为了得到王子的爱，小人鱼放弃了美妙的歌喉，将鱼尾变为双足，每走一步都像走在刀尖上。可是，王子却娶了邻国的公主。在他们结婚当夜，小人鱼的姐姐告诉她，只有杀掉王子，她才能有活命的机会，否则第二天一早，她就会变成泡沫，消失得无影无踪。

正当小人鱼握紧刀子进入王子的房间，想要杀掉王子时，她仔细端详王子的脸，她看到王子睡得很安详，很幸福。最后小人鱼放弃了以王子的命换取自己的命的计划，她宁愿王子得到幸福。当小人鱼化为海上的泡沫后，神有感于她的善良，给了她另一个拥有灵魂的机会。

《海的女儿》是经久不衰的安徒生童话，在这个童话里，安徒生说，只有懂得爱情才能得到真正的灵魂。但想要得到爱情需要巨大的代价，为此，小人鱼付出了自己的一切，承受着巨大的痛苦，依然无怨无悔地爱着王子。即使到了最后，小人鱼即将消失，她依然相信爱情的本质不是自私，爱一个人就应该让那个人得到幸福。

　　相信爱情的人都和那个纯洁的小人鱼有些相似，不计回报地付出，想尽一切办法希望得到对方的注意与爱慕。可惜，并不是每一份真挚的爱情都能够得到回报，很多时候爱情存在一个怪圈，A 爱的是 B，B 爱的是 C，C 爱的是 D……想要碰到"刚刚好"的那一个，不是那么容易的事，所以人们只能不断寻找，不断失望。

　　爱的人不爱自己，或者爱的人不再爱自己，都是很难接受的事。曾经有一篇报道说，一个大学男生因女朋友提出分手，将一瓶硫酸泼向女友，造成女友重度毁容，男生因此入狱判了重刑。这样悲惨的结果让女孩终身不能再有美丽的面孔，男孩也毁掉了自己的前途，面对漫长的牢狱生活。人们会问，做到这个程度，这个男孩真的爱女孩吗？难道独占就是爱？伤害对方就是爱？

　　赵佳终于和男友分手了，三年以来，她在每个白天绞尽脑汁地讨男友欢心；又在每个夜晚担惊受怕，害怕失去深爱的男友，最后，她终于选择放手。

　　赵佳和男友是大学同学，大学时，男友本来有女朋友，两个人脾气都冲，经常吵架，在一次激烈的争吵后决定分手。赵佳明知男友仍然爱着那个女孩，还是趁着他寂寞时经他无微不至的关怀，并不断示爱。最后，男友被赵佳感动，和赵佳确定了恋人关系。

　　但赵佳明白，男友始终放不下那个女孩，那个女孩也同样忘不了男友，有时候赵佳觉得在三个人中间，她才是第三者。男友是个负责任的人，并没有和她提出分手，也没有和那个女孩藕断丝连，但赵佳发现，男友和那个女孩都偷偷地留意着对方的一举一动，熟悉对方遇见的每一件事。赵佳努力对男友好，有时候也会与男友争吵，问男友自己到底哪一点不如那个女孩。终于有一天，赵佳想开了，爱一个人就要让他幸福。她主动提出分手，她相信，世界上一定也会有属于她的缘分。

像每一个相信付出就会有收获的女孩一样，赵佳相信，只要自己努力对男友好，付出足够的感情、关怀、耐心，男友一定能够忘记从前的女朋友。事与愿违之后，赵佳决定放手，成全了对方的爱情，也成全自己今后的幸福，她相信自己也会遇到相同的缘分。

人们常说，一分耕耘一分收获，这句话显然不适用于爱情领域。爱情的本质是一种感觉，这种感觉甚至没有原因。人们常常看到这样一种情况，一个人面对很多追求者，却选择了外貌不够好、学历不够高、性格也不那么可爱的一个，所有失败者都在问："为什么?"这个人微笑不语，他知道爱情不是择优录取，只有自己真正喜欢的人才能给自己幸福。所以，大可不必感叹自己不是那个被选择的人，不是你不够好，而是你们没有缘分。

人生常常会有遗憾，爱情也会不尽如人意，当两个人的情感出现裂痕，或苦苦喜欢的人从不在意自己，想要维持住爱情的美好感觉，只能选择成全对方。成全对方不但能得到对方的尊重和感激，更重要的是尊重了自己，保护了自己，让自己不必再徒劳地做一件没有结果的事。放掉的固然是一种无奈和遗憾，但得到的却是一份纯洁的友谊以及自己崭新的未来。看看所爱的人的笑脸，也就明白了爱的意义。

　　每个人都是在不断地受伤与领悟中开始成长，当你明白一份感情带来的伤害只是成长的一部分，它让你更懂得珍惜自己，更懂得如何去爱，不必为谁对谁错斤斤计较，也别再去想曾经的付出，放开你紧紧牵着的那只手，因为对方不是那个陪你走一辈子的人。比起强求，比起伤害，祝福才是最美的结局。

不适合你的人，再美丽也是个错

　　方舒是上海一家金融公司的高层员工，从业十年，她的职位越来越高，感情也从稚嫩走向成熟。方舒毕业于复旦大学金融系，进入这家公司后，她的上级对她照顾有加，让独自居住在大都市、没有什么朋友的她感到温暖。再后来，她和这位上级成了恋人。

　　一年后方舒才知道，原来上级有夫人也有孩子，他们都定居在国外，上级是总公司派到分公司来工作的，只能在上海工作五年左右的时间。上级表示，为了方舒，他会尽量延长在上海工作的时间，即使他以后调回总公司，他也能每个月甚至每星期回来与方舒相聚。

　　这样的关系持续了将近两年，方舒为两个人的关系痛苦，又无法放弃这段爱情。有一天，方舒回到家乡和父母团聚，父母开心地请了一大家子的亲戚，方舒发现，自己的表妹表弟们基本都结了婚，一对一对恩恩爱爱。当长辈们问起方舒的终身问题，方舒苦笑一下，说自己还没有考虑。

回到上海后，方舒切断了和那个上级的一切联系，她知道自己想要的爱人应该随时随地都能陪在自己身边，既然自己找错了，那就应该以最快的速度改掉这个错误。

在现代社会，"第三者"是个不容忽视的尴尬角色，有时他们是爱情婚姻的破坏者，为了私人目的搅乱了他人的感情；有的人则是像方舒这样，在不知情的状态下"被小三"，付出的感情不能说收回就收回。既然这段感情是错的，就放手吧，然后去寻找真正能陪伴在自己身边的人。

有人说，爱情没有好不好，只有合适不合适，世界上既有看上去极为相配的情侣，他们男才女貌，性格互补，事业家庭蒸蒸日上；也有那种看上去完全不配的夫妻，看上去不那么"门当户对"，但这些人的幸福是一样的，后者的幸福感并不比前者低。因为合适，所以满足，所以安心，找一个合适的人，就是给自己的爱情买了一份终身保险。

相反，不合适的人，就像一只孔雀和一只黄莺，都很美丽，却不可能成为幸福的一对。不适合的人在一起，总免不了磕磕碰碰，争吵不休。他们固然是相爱的，但相爱简单相处难，爱情并不仅仅是一时的激情，还有长久的相处。两个人的相处需要磨合，一旦磨合失败，在一起就会变成双方的痛苦。甚至到了最后，连最初的激情都会被磨平，两个人成为怨偶，这样的关系只能以分手告终。

年底，家里进行大扫除，女儿负责打扫地下室的仓库，她无意中发现了父亲年轻时的日记，日记里写了父亲对过去女朋友的爱恋，还夹了那个女孩的照片。女儿回想起父亲母亲从来没提过这个女孩，也许母亲根本不知道这个女孩的存在吧？女儿将日记本压进箱底，她不希望有什么事破坏父母的感情。

可是，当天晚上，母亲还是看到了这本日记，原因是她刚好去地下室找东西，女儿以为母亲会大发雷霆，或者很伤心，母亲却很平静地将那本日记放回原位，对女儿说："我知道这个女孩，年轻的时候，她是你父亲的女朋友，他们因为性格不合分手。每个人或多或少都追求过不适合自己的东西，就算分手了，也不能放下。"

"妈妈，你真的不生气吗？"女儿问。

"为什么要生气呢？我和你爸爸现在难道不幸福吗？"母亲反问。

心理学研究表明，越是得不到的东西，人们就越不想放弃，所以人们即使知道现在的爱人不适合自己，现在的爱情并不美好，也不愿意放弃，因为他们远远没有达到想要的目的。他们幻想不适合的人有一天会变得适合，但爱情就像买鞋子，合不合脚只有自己知道，只差一个号码，穿久了能习惯，若差得太多，受罪的是自己的脚，浪费的是那双鞋子。因为"不适合"这种理由分手，本身就代表了一种对自己的否定，充满了不甘心；而明知道不适合还要在一起，就是自讨苦吃。

有时候人们愿意坚持错误，认为只要努力就能将错误更正，感情来之不易，好不容易爱上一个人，怎么能说放就放。这样的人注定要受爱情折磨，极少数人能修成正果，多数人都在现实与理想的差距下惨败而归，满身伤痕。只要不后悔，经历一次这样的爱情也很好，至少让人生完整。但那个和你过一辈子的，只能是适合你的人。

抓紧不合适的爱情，就像舍不得放下一双不合脚又很美丽的鞋子，一次次对自己描述这双鞋子的优点，但这双鞋子就算再好，不是穿着太大，就是穿着挤脚，天长日久，穿它的人也会厌烦。不适合就是不适合，再美丽也和自己无关，不如放下它，让自己轻松。面对不适合的爱情，早一点放手，早一点离开，你失去的仅仅是一个不会给你带来更多幸福的人。人生可以有一时遗憾，但不能终身遗憾。

人生有四季，你错过的只是一个春天

梅和伟相识在大学里的一场联谊舞会上。伟说当他第一眼看到穿着白色长裙的梅，就有一见钟情的感觉，而优秀的伟也让梅心动不已。两颗心自然而然靠在了一起。

四年大学生活，梅和伟的感情愈来愈深，毕业后，他们在同一个城市找到工作，准备一年后买房结婚。可是，不幸的事发生了，伟因为车祸离开人世。梅整天以泪洗面，很长一段时间甚至不能正常工作。

梅的母亲不忍心看女儿一直消沉，开始为她物色新的男朋友。可是梅一直怀念着死去的伟，她每天回家都要抱着伟的西服发呆，那是梅买来送给伟的。直到有一天，梅去出差时，小偷偷走了家里所有值钱的物品，包括伟的那件西服。梅突然发现，人生就是意味着很多次失去，不论对象是衣服还是人，失去的就是失去了，而新的东西会不断出现。也只有失去过的人，才能知道拥有的可贵，才能更珍惜现在的一切。

从那以后，梅不再郁郁寡欢，她更加珍惜身边的亲人和朋友，以及自己的心情。

面对爱情，很多人不明白什么是残缺，什么是完整，很多努力都是在抱残守缺。像故事中的梅，她以为思念伟，整日以泪洗面就能保证爱情的完整，但伟已经不在，回忆不能代替爱情，爱情是残缺的，就连梅停滞不前的生命都变得残缺。只有梅真正走出来，她的爱情成为过去，才真正成了一段完整的回忆，她的生活也将因她的继续努力而变得完整。

生活就像一本书，你永远不知道下一页写着什么，也不知道明天会遇到什么，所以不能停止翻书的动作，一页看完，就要看下一页。如果仅仅盯着其中的一页，你的生命只能到此为止，不会有更多的惊喜。人们常说自己遇到了最糟的事情或最好的事情，其实他们只是在和过去比，对比长长的未来，他们也许会遇到更糟的或更好的。人生有喜有悲，不去体会才是最大的遗憾。

佳佳就要结婚了，她在娘家整理自己过去的东西，有些要扔掉，有些要留在娘家，有些要带到新家去。这时，她发现一本上锁的日记。佳佳清楚地记得，这本厚厚的日记是她在高三到大三阶段写下的，里边记录了她从前的两段感情。在和第二个男朋友分手后，佳佳将日记锁了起来，扔进储物室。她没想过有一天，自己会用平静的心情重新翻开这本日记。

当她看到日记本上写道："我知道我今后再也不能遇到这样的爱情！""我不会再为任何人付出我的感情！""我不会再为什么事如此难过了！"等句子，她仔细回想，那究竟是什么样的爱情、什么样的人，又是什么样的难过，她想到的只是一些模糊的回忆。她知道，过去的爱情比不上现在的幸福，就像一首歌唱的："原来爱曾给我美丽心情，像一帘深邃的风景，那曾爱过他却受伤的心，丰富了人生的记忆。"

每个喜欢写日记的人大概都有和佳佳一样的经历，时过境迁，翻开从前的日记本，发现当时认真写下的话都很傻，过去曾经伤心的事，现在看来是那样微不足道。过去以为一生只有一次的爱情，现在看来只是年轻时的一时心动。她再也没有从前的激动，取而代之的是平静与感恩，对那些模糊的记忆，也对曾经天真的自己。

有人说："爱情是什么，全世界都在找，从来没有人看到过。"没有人能够说清楚爱情究竟是什么。付出过真心的都是爱，即使结局不理想，回想起来依然有怀念的感觉。但过去就是过去，就像面对一个堆满太多东西的房间，总要扔掉不重要的东西，腾出空间安放更好的。比起最珍贵的东西，过去太远。当以一颗成熟的心回首往事，细细盘点我们失去的究竟是什么，当然有那些属于青春的纯真稚嫩，也有属于过去的遗憾挫折，就像李商隐写的诗句："此情可待成追忆，只是当时已惘然。"当一切过去，我们能够把握的只有一份回忆。所以，我们才更要珍惜当下，珍惜每一个"当时"。

　　除了死亡，我们不能停下人生的脚步，既然向前看，有些东西就要丢弃，有些感觉只能怀念，时间就像河流冲洗掉心灵的沙粒，能够留下的都是宝贵的纯金。不要说别人在变，其实你也在变，不论是价值观还是爱情观，都会在最初的基础上越来越成熟。最初的不一定是最好的，错过的又怎么能肯定是对的？不必问今后还能不能碰到这样好的人，也不用想明天有没有这样的感觉，让自己和他人自由。人生有四季，你错过的只是一个春天。

6 和负面记忆断、舍、离

回忆过去，难免有切肤的伤痛和难忘的遗憾，那些不能拥有的东西一再出现在梦中，让人无法平静。但要记住的是，过去无法改变，现实还需要我们继续努力。

切断伤痛，抛离不甘，舍弃遗憾，过去已经过去，我们正在走向明天。

将过去留在过去，用遗忘换取平静

　　唐莉的姐姐唐晴去年因为车祸去世。唐家姐妹年龄只差一岁，从小感情就特别好，从小学到大学，她们读的都是同一个学校，整天形影不离。即使各自交了男朋友，她们没事也要凑在一起谈天说地。突然失去姐姐，唐莉受的打击可想而知。

　　有段时间，唐莉不停地对身边的人说起自己的姐姐，说起她们深厚的姐妹感情，说自己如何伤心如何痛苦。直到有一天，母亲对她说："看到你，我就像是看到你姐姐又死了一次。"唐莉突然意识到，自己的行为不但反复地伤害自己，也刺激着身边的人。死者已矣，活着的人理应好好生活。

　　姐姐过世后，唐莉一直沉浸在悲伤之中，直到有一天，唐莉的妈妈劝她不要再反复伤害自己，伤害还活着的人。唐莉终于意识到长久以来自己的误区：她因为悲伤，忘记了周围的亲友，忘记了他们的感受。想通了的唐莉决定振作起来，活着的人好好生活，逝者才会安息。

　　亲人离世给人的打击是巨大的，与我们血脉相连的人，从此不能在这个世界上和我们一起生活，陪伴我们成长的人不能陪伴我们今后的道路，对于我们来说，这是莫大的遗憾和悲伤。不止是亲人，朋友去世也有同样的影响。民间故事中，俞伯牙为钟子期终身不再弹琴，就是因为失去知音，弹琴再也没有意义。还有曾经给予我们帮助的师长，同甘共苦过的同事，曾经有恩德的人，当然还有曾与自己朝夕相处的爱人……死亡总是出其不意地带走我们在乎的人，留下难以平复的遗憾和思念。我们很难接受这样的事实，悲观逃避，甚至一蹶不振，恨不得一切都是假的。

从生到死是自然界的规律，每个人都要面对失去。当珍视的花朵在自己眼前凋零，眼泪并不能令它重生，只有在心中默默记住它的美丽。死去的人倘若能够说话，他们最希望活着的人不要太过悲伤，要代替他们更好地生活，完成他们来不及做的事。悲伤是真情，坚强也同样是真情。死者已矣，不要因过去的失去增加今天的遗憾，很多事等待着你去做，你的人生还在继续。从这个意义上，忘记过去并不等于背叛。

一位王子即将登基，他的老师——这个国家最有智慧的高僧，对他说了这样一番话：

"很快，你就会成为这个国家的国王，为你自己争得光荣，给你的臣民带来幸福，你还会带领军队和入侵者交战，保卫国家，取得胜利。但是，你一定要记得，一切都会成为过去，只有牢记这一点，你才能成为一个幸福的人。"

王子还很年轻，不能理解老师说的话，但他的确如老师所说，成了一个励精图治的国王，他的国家越来越强大。没想到，十几年后，他的王位被亲信大臣篡夺。在军队的追捕下，他好不容易逃得性命，前往邻国请求帮助。他化装成乞丐躲避搜寻，当他吃不饱穿不暖的时候，想起自己在皇宫里的锦衣玉食，明白了老师说的话："一切都会成为过去。"

既然幸福可以成为过去，伤痛也一样。这样想着，国王振作起来，靠着邻国军队的帮助重新夺回了自己的王位。

聪明肯干的王子即将登基，他的老师告诫他一切都会过去，不要迷恋虚无的现状，只有保持内心的平静，才能成为一个强大的人、幸福的人。王子起初不明白老师讲的道理，当他拥有强大的国家时，他不相信"一切会过去"。当他失去王位后，又切身感受到"一切都已成为过去"。这个时候，只有强者才能正视现状，不沉浸在失去的悲哀中，夺回曾有的国家。

时光流逝，一切都会成为过去，人们喜欢回忆昨天，童年时总有开心的回忆，年少时的爱情让人心动不已，年轻时的干劲让人热血沸腾，这些似乎已经都成为过去。但过去真的有那么好吗？童年时我们也会哭泣，年少时我们不懂珍惜爱情，年轻时我们不懂深思熟虑，过去有好有坏，不论想着好的还是坏的，都无法改变，一味留恋就是扼杀了未来的机会。

过去留给我们的只有回忆，这回忆或好或坏，或悲或喜，都是我们生命中的珍贵财富，值得我们回味。但一味留恋过去，就会阻止我们前进的脚步，让我们的心灵得不到安宁，因为过去无法追回，一遍一遍地回忆只能让今日的灵魂承担双倍的重量。我们不能长久地沉浸在过去，我们必须睁开双眼看向前方。

有一首歌叫《明天会更好》，过去总有好的一面让我们怀念，但明天却是新的开始、新的希望，暂时遗忘过去，才能换回空明平静的心灵，将更多更好的东西放进去，丰富自己的生命。昨日是死的，明天却是初生的，是陪伴一具死尸，还是培育一个有灵魂的婴儿，这并不是一道艰难的选择题。放下属于过去的悲伤和困扰，过去没有你想得那么好，只要你愿意，未来会比过去更好。

在泥泞的道路上才能留下脚印

一位老师对一群孩子说："今天我们来做一个测试，在学校门口有一条路，你们谁能在上面留下自己的脚印，谁就能得到奖励。"

为了得到奖励，孩子们想了各种各样的办法，有的人在鞋底涂上白灰，有的人在路上使劲跳跃。白灰很快被风吹走，孩子也不可能把地面踩出印子，他们的努力没有任何结果。

下午下了一场大雨，街道变得泥泞，一个聪明的孩子灵机一动，跑到那条路上，结果，泥路上清楚地留下了他的一连串脚印。老师满意地说："你们一定要记住，风雨并不可怕，因为只有走在泥泞的道路上，才能真正留下自己的脚印。"

老师正在给学生上一堂特别的人生课，他说每个人都想留下足迹供人怀念，平坦的大路人来人往，想留下脚印不是那么容易的事。而一场大雨过后，在泥泞的道路上，却很容易留下痕迹，因为这个人已经遭遇了足够的挫折，付出了足够的努力，甚至做出了巨大的牺牲。

翻看历史，就会发现挫折并不是一件坏事，它只是成就人生必须经过的磨难期，最大限度地激发人的潜能。比如春秋时期重耳是晋国公子，因遭受迫害离开自己的国家，几经颠簸，尝尽心酸，离开自己的国家长达19年。19年的逃亡过程中，一个纨绔公子磨炼出坚忍的心性，结识了有才能的大臣，修炼了为人君的气度。最后，重耳重回晋国夺得王位，并在一批能臣的辅佐下成为中原霸主，晋国也一跃成为当时最强大的诸侯国。由此可见，挫折是一笔巨大的财富。

著名作家毕淑敏曾说，命运有时会把挫折和辛苦作为礼物一股脑送给你，不管你愿不愿意要，都要拆封。命运的礼物自然有它的深意，磨炼让人成长，挫折让人成熟。当一个人经过足够多的磨难，他与成功仅有一步之遥。这个时候，他应该感谢曾经的磨难，也应该告诉自己失败是成功之母，再跨一步，他就是胜利者。

一个刚刚开始学小提琴的女孩正在对妈妈诉苦，她说她完全跟不上老师的讲课节奏，她的老师每天都要求她练习高难度的曲谱，这个拉起琴来还偶尔发出"锯木头"声音的女孩吃不消。但那位老师很严格，总是严厉地批评她指法上的错误。女孩压力大，每次去上课前都心惊胆战，还有好几次被老师骂哭。

她将这些委屈全部告诉母亲，问母亲自己能不能不再练习小提琴，或者换一个老师，母亲却笑了一笑，缓慢却坚定地摇摇头说："严师出高徒，你是可造之材，老师才这样要求你，你一定要努力让他满意。"

无奈的女孩依旧战战兢兢地去上音乐课，经常被老师骂哭，直到有一天她去参加一个音乐比赛，初试指定的曲目都是有难度的名曲，很多参赛选手无法顺利完成，女孩的演奏却如行云流水，感动了不少评委。那一刻，女孩才终于明白老师的苦心。

学小提琴的女孩每天要做大量练习，她因此对自己的老师产生不满。直到她去参加一次比赛，发现自己比任何一个人都更优秀，这时她才明白平日的勤学苦练，是提高自己的唯一途径。想在人才济济的音乐界获得立足之地，除了比别人付出更多的努力，还能有什么办法？

有时候我们觉得付出始终与收获差了一步，这短短的一步却是不可逾越的距离，距离那一边是我们梦寐以求的成功，距离这一边是对现实的失望。我们脚下总有泥泞和杂草，而别人脚下却是红地毯和鲜花。其实，那些踩在红地毯上的鞋虽然华美，但里边的脚却早已长满厚茧，那些比我们成功的人，是经历了更加漫长的跋涉，才走在我们前面。我们需要的不是忌妒也不是羡慕，而是赶快加紧脚步，才能不被他们落得越来越远。

我们都有泡茶的经历，不论杯中的茶叶如何，一壶滚水灌下去，茶叶沉沉浮浮，顷刻就散开了沁人心脾的清香，但如果倒进杯中的是冷热适宜的温水，茶叶半天都不会舒展，喝到嘴里的茶水也寡淡无味，让人扫兴。如果把人生比做茶叶，那些成功的人都曾在滚烫的水中浸泡，才让自己脱胎换骨，而温水就如一帆风顺的环境，怎样都没有滋味。只有滚水才能冲出香茶，只有历经坎坷才有真滋味。

过去不能重来，那些失败仍然压在我们肩上，即使淡忘，余痛还在。只有从中汲取珍贵的经验，才对得起自己的努力。失败并不证明你无能，也可以证明你的坚强。跨过失败这道坎，前方总有新的机会。人生如果是一杯茶，不经过沸水的冲泡，如何散发清香？想要品味人生，不妨也泡一杯清茶，看茶叶沉沉浮浮，不正像我们的心灵在挫折和喜悦中起起落落？不必惧怕挫折，达观一点，天将降大任于斯人，一切都为了今后做得更好，走得更远。

别让心灵被一根稻草压垮

一支商队行走在沙漠中，他们迷了路，背包里的食物越来越少，他们只剩一只骆驼驮着沉重的行李，艰难地迈着步子。

商队里的一个年轻人突然晃了几下，差点跌倒在沙子上。其他人围了上去，发现他面色潮红，呼吸急促，似乎马上就要晕倒。

"他中暑了！"一个商人叫道。大家七手八脚解下年轻人的背包，压在骆驼身上。大家给青年人喂水扇风，忙了一阵子，青年人有了好转。突然，那只骆驼摇晃了几下倒在沙子上，发出巨大的声响。人们连忙上前去看骆驼，惊讶地发现，骆驼竟然被脊背上的货物压死了！

"刚才它还能行走，不过多了一个背包……"一位商人不解。

"骆驼的承受能力已经到了极限，即使压上一根稻草，它也会死。"另一个人回答。

一只载重的骆驼竟然被一个背包压死，这看似荒唐的事竟然真的发生在沙漠中。在这个故事中，压死它的并不是最后那个背包，而是长久以来的重负，只要再增加一点，哪怕仅仅是一根稻草，它都会再也支撑不住，倒地身亡。

我们的心灵也像这只不停跋涉的骆驼，它已经走过了漫长的路，步履蹒跚，如果把悲伤、失望、抑郁这些情绪长久压在上面，它渐渐就会透不过气。表面上，我们能够维持正常的生活，甚至能够笑脸迎人，但内心的压迫越来越重，这时候只要再有一点点不如意，哪怕是一件微不足道的小事，都可以让我们心理失衡，由悲伤变为暴躁，由失望变为绝望，由抑郁变为歇斯底里，就像又压了一根稻草的骆驼一样，完全不能控制自己。

心灵的健康需要时时呵护，特别是那些容易计较的人，他们的生活往往不如意，所以总是念叨过去的自己如何优秀，曾经有怎样的机会，他们总会说"如果……""如果……"这些念叨当然不会有什么结果，他们也只能在自己的空想中越走越远，为那些从来没存在或已经不见的东西伤心不已，他们看什么都是消极的，即使出现一个机会，他们也不会看做救命稻草，而是一根压死自己的稻草。

尽管我们身边有许多亲人朋友，我们困难时，他们愿意向我们伸出双手，我们难过时，他们愿意尽量为我们排解忧郁，但能够拯救心灵的始终是我们自己，因为失去就是失去，不快就是不快，别人的话说得再多，并不能满足我们的心灵。如果自己想不开，再多的关心也只是徒增负担。我们必须时刻注意自己的内心世界，问问它究竟累不累、是不是装得太满，需要休息和放松。我们也要随时将心灵打开一扇大门，让它吹吹清风，晒晒阳光。

汤姆先生有一个花园，年老后他行动不便，很难自己打理，只好请来镇上的花匠。他失望地发现，花匠只有一个胳膊，这样的花匠怎么干活？出于同情，汤姆先生决定不论花匠能不能完成任务，他都会按价付钱。

没想到，花匠把院子里的灌木修剪得整齐美丽，树木的除虫也做得很好，花枝的修剪更让汤姆先生赞不绝口。临走的时候，花匠对坐在轮椅上的汤姆先生说："我耽误了您很多时间，本来一小时可以完成的事，我做了一个半小时，我想要给你打八折作为补偿。"聪明的汤姆先生说："您不必因为我是一个瘫痪独居的老人就同情我，不过我很感谢你，自从我病倒后，很久没有这么畅快的心情了，看到您我才知道，什么样的生活都可以很美好。"

花匠只有一只胳膊，但他既能用一只胳膊把顾客的花园打理得十分美丽，还能同情瘫痪的顾客，主动要求打折扣。在这样强大的生命面前，顾客汤姆先生感激不已，他感激的不是花匠为自己付出劳动，而是在花匠身上，他看到了生活的希望。

疾病和衰老都会造成人的痛苦，特别是没有希望康复的时候，健康成了回忆，只能独自忍受病痛。这个时候就会想到死亡，但人们都爱惜自己的生命，不愿意死，如何才能好好生活下去？只有面对现实，承受痛苦，然后为自己寻找快乐的机会。这个时候，任何小事也可以成为稻草——稻草既可以是致命的，也可以是救命的。

对待疾病和衰老，要有积极的心态。癌症是不治之症，但得了同样的病，人们的寿命却不尽相同，那些笑口常开的人不把病痛当一回事，该上班就上班，该玩乐就玩乐，几年过去，情况得到好转；那些怨天尤人的人，整天守在屋子里害怕自己病情恶化，没过多久就与世长辞。这就是心态的不同导致了结果的不同。你的状态有时可以由自己的心情决定，相信自己是快乐的，你就是快乐的，坚持自己是不幸的，别人说再多也救不了你。

痛苦的时候，心灵会像漂浮在汪洋大海之中，四周都是波涛，心中不安又惧怕，害怕下一秒自己就会沉没。出于求生本能，我们张望着，想要寻找一条让我们渡过难关的船只，多数时候，我们等到的只是一块浮木，一根稻草。在失望的人眼中，它们做不了任何事；在怀有希望的人眼中，这无疑是一种平安的信号。每一件事都可能是心灵的稻草，所以，对待生活中的任何事，都要有积极的心态，不要轻视每一个痛苦，也不要错过每一次快乐的机会。

昨日的伤口不应影响今日的生活

宋大爷做完外科手术后，伤口时不时疼痛。他整天闷闷不乐，不想出去散步，也不想多吃饭。几个儿女孝顺，为了让父亲开心，轮流来家里照顾老人，可是老人依然愁眉不展。

一次，大女儿做了一桌好菜，宋大爷只吃了几筷子，就不再动手。女儿问："爸，菜不好吃吗？你怎么不吃了？"宋大爷愁眉苦脸地说："我的伤口还在疼，哪有心情吃饭。"女儿说："就算伤口疼也不能不吃饭，不吃饭的话，伤口不容易愈合，会疼更长时间。这么大岁数的人怎么连这么简单的道理都不懂？"

愁眉不展不是止痛药，只会加深自己的郁闷，不如干点别的事转移一下注意力，也许伤口好得更快。更确切地说，不管伤口好不好，都不能让它影响当下的生活。

身体上有伤口不是不爱惜自己的借口，正因为身上有伤，才更要好好照顾自己。为了早日康复，要尽快让自己恢复正常的饮食、充足的休息、开朗的心情。如果整天担心伤口不能痊愈，担心疾病恶化，负面情绪会一直起作用，影响到治疗的效果。不能积极治疗的人会增加更多的病痛，这是一件得不偿失的事。

心灵上的伤口也是如此。肉体上的伤口容易愈合，心灵上的伤口需要加倍呵护。正因为心情不好，才更要告诉自己快乐一下，为了早日走出阴影，要鼓励自己正常工作，正常娱乐，保持向前的目光，如果整天患得患失，只会产生迷茫的情绪，影响今后的发展。

有些人喜欢夸大自己的伤口，也许他们希望别人体贴自己，也许他们想要宣泄压力，他们把自己的伤痛加倍，告诉别人也告诉自己，仿佛那些伤口再也没办法愈合。事实上，影响愈合的正是这种留恋伤口的行为，他们忘不了伤口，也不愿意忽略，宁可把疼痛当做生活的重心，也不寻找方法做一次"伤痛转移"。其实，伤口留下的不过是一道疤，看似严重，早已不碍事，只有对它们念念不忘的人才会一次一次受到伤害。

童丽是个美丽的女孩，自幼学习舞蹈的她，凭借自己姣好的容貌和出色的舞艺考取了一所知名的舞蹈学院，并且多次在专业比赛中夺取奖项。长久以来的努力得到了大家的认可，童丽觉得十分的满足。可好景不长，一场交通意外摧毁了这个美丽女孩所有的梦想。这场事故使童丽的双腿失去知觉，一个舞者，失去了支撑她站在舞台上的唯一凭借，这对于她来讲简直像是天塌了一样。

从昏迷中醒来的童丽，发疯了似的拍打着自己失去知觉的双腿，泪水奔涌而出。从那天起，童丽再没笑过。她总是坐在窗边，愣愣地看着窗外的天空，眼睛里一片灰色。周围的亲友看到童丽的状况很是着急，多次劝她出去透透气，希望她能够尽快走出人生的低谷。可不论大家怎样说，童丽总是摇摇头，继续望向窗外的天空。

就在大家束手无措的时候，童丽却在一天下午主动要求妈妈带她去她家前面的一块小空地去。童丽的妈妈觉得很奇怪，却也不敢不听女儿的。到了那里才发现在这块空地上有一个十几岁的女孩正在很努力地练习着一段舞蹈，由于缺乏指导，舞步显得有些凌乱。

"挺起胸，左脚踩稳，脚步要轻盈……"童丽情不自禁地指导起那女孩来。自那天起，童丽每天都要在那个时间来到那块小空地指导女孩跳舞。

随着女孩舞艺渐渐成熟，童丽的脸上也有了越来越多的笑容。她发现即使不能够站在舞台上，她一样可以投身于自己热爱的舞蹈事业。不论是台前还是幕后，她都可以将自己所有的情感倾注在这翩跹的舞步之中。后来她开始指导一些孩子跳舞，并在几年之后成立了一所舞蹈学校。经过她的培养，这个舞蹈学校涌现出了好多舞蹈界的佼佼者。

车祸使童丽的双腿失去知觉，却夺不走童丽心中飘逸的舞步。不要将自己困锁在失败和挫折之中，没有双腿，灵魂也一样可以快乐地起舞。假如眼睛里只看得到失败的灰色，那么拥有双腿也不能在舞台上转出优美的弧度。

童丽的遭遇让人惋惜不已。当童丽失去了人生意义，眼睛里是一片灰色。直到有一天，她开始指导一个在空地上跳舞的小女孩，再后来她开办了一个舞蹈学校。失去舞台的童丽找到了另一个舞台，在这个舞台上，她同样美丽，同样精彩。

在人的一生中，比死亡、衰老、疾病更惨重的打击就是失去理想。理想是人们的人生意义所在。为了理想，人们甘愿忍受一切痛苦，如果失去了实现理想的机会，那么一切苦难都变得难以忍受。伟大的音乐家贝多芬患上了耳聋，严重的时候甚至听不到任何声音，一个靠创造美丽声音的人听不到声音，这是最大的打击。贝多芬消沉过，绝望过，甚至写下了遗嘱。最后他还是决定原地站起来，靠着坚强的毅力继续他的创作。

失去并不等于一无所有，人不应该只有一个理想，当原来的那个无法实现，就要寻找下一个，这才是生命的意义所在。昨日的理想不能挽回，明日的理想还未建立，我们需要做的是留心观察，仔细寻找，总会有事情唤起你曾经的激情，让你重新奋发。

别人的错误，你不应该负责

一个善良的女人嫁给了一个贫穷的青年，陪伴他度过了创业的艰苦岁月。结婚七年后，已经成为富翁的男人另觅新欢，向她提出离婚。女人沉默地搬出了他们共同的家，从此认为天下男人都喜新厌旧，再也不相信婚姻。多年来，她一个人过着寂寞的日子。

很多人为女人着急，劝她再找一个踏实的人，女人却对被抛弃的事念念不忘，不肯相信别人，也不相信身边的追求者。而那个喜新厌旧的男人并没有回头，他依旧有了新欢忘了旧爱，换了很多情人。女人在痛苦中活了几十年，至今单身。

一个女人被负心的丈夫抛弃，从此封闭了自己，再也不相信爱情和婚姻。她在孤寂和怨恨中过了几十年，而丈夫却游戏人间享尽欢乐。两相对比，我们不禁为这个女人叹息，为了这样一个男人拒绝幸福，这是自讨苦吃。离婚并不是女人的错，那个真正应该承担错误的人逍遥自在，女人却背负他人的错误活得辛苦压抑，是男人太无情，还是女人太执着？

很多时候我们放不下过去是因为别人，别人的一句恶语使我们长久以来耿耿于怀；别人的一次伤害使我们一直忍受煎熬；别人的一次错误使我们责备自己没有照顾周到……把别人的错误揽在自己的身上，就是选择了一种错误的生活，因为犯错的主体并不是你自己，你无法解决，别人不解决，你就只能背负着自己强加给自己的责任。最后，别人生活得很好，你却终日痛苦，这不是负责，这是犯傻，是想不开。

兰兰也是个被抛弃的女孩，男朋友自从和她分手后，她立志要让男友后悔，她并不做报复男友的行为，而是努力打扮自己，充实自己，没过几年，原本有点土气又没什么能力的兰兰成了一个艳丽的女强人，让前男友后悔不已。兰兰说："知道他过得没我好，我很开心！"达观的人从不把别人的错误揽在自己身上，他们只负自己该负的那部分责任。生命是自己的，先对自己负责才能对他人负责，如果本末倒置，在自己都没有管好的情况下去承担别人的错，只会让生活一团糟。

飞达公司最近新上市一批肉品切割工具，这款工具经过技术改良，能够分门别类切割牛、羊、猪肉，也有配套组件能够处理鸡、鸭这些禽类。这种工具成本低，既适合超市使用也适合肉制品店。负责企划的人自信满满，相信这种工具一定会占领市场。

上市后，意想不到的事情发生了，配套的禽类切割工具出现了尺寸问题，给用户带来不便，用户表示只希望购买主件。公司为了息事宁人，立刻做出了购买工具价格不变，赠送配套附件的承诺，这也使公司损失了一大笔金钱。

负责人十分自责，每天上班的时候都低着头，不敢看老板的脸色。

老板起初很生气，气消了以后反倒安慰负责人说："谁都有失败的时候，而且这件事你虽然有责任，但并不全是你的错。你看那个负责设计的人还充满干劲，你怎么能一直消沉？我知道你是个负责任的人，现在请你负起最大的责任——继续努力工作，想出更完美的企划！"听了老板的鼓励，负责人很快打起精神，联系设计师改良工具，终于在第二年用新产品占领了市场。

企划部负责人负责一个新产品造成了公司一大笔损失，负责人一直打不起精神。精明的老板安慰这位负责人：最大的责任不是检讨过去的错误，而是要挽回这个错误。负责人重新联系设计师，终于在第二年获得了巨大的成功。

一个负责的人当然不会因为主要错误在他人，就将过错全部推给对方，而是在不被这错误困扰的同时，他们会找到恰当的方法弥补，给自己一个交代，给他人一个机会，这是积极的解决问题的方式。有的时候，我们不应该为别人的错误负责，让我们自己难过，但有的时候，当自己的确有责任，我们仍然需要勇敢的担当，为自己也为别人将事情扛下。需要注意的是，我们扛下这件事不是为了为难自己，而是为了将事情解决得更好，为了让自己更加优秀。

有时候我们会造成无法弥补的错误，也许是一次不经意的闪失，也许是长久以来错误的积淀，也许是思路出现偏差的决策失误……不论原因如何，损失已经造成，伤害已经造成，我们能够做的唯有接受它、承认自己的责任，向那些蒙受损失的人表达真诚的歉意。也许我们挽不回过去，却可以做一些力所能及的事，让自己心灵舒畅，这不失为一个利人利己的两全办法。不经意间，我们战胜了昨天，也战胜了自己。

不为他人的错误为难自己，是一种达观。为了他人考虑也为了证明自己而努力，是一种气魄。要对自己宽容，即使是普照万物的太阳，也会产生阴影，何况我们只是普通的人？要对他人宽容，即使那个人伤害过你，这疼痛也促进了你的成长，让你更加坚强。不必在意别人的错误，你要做的是走自己的路。

敢于放弃是一种勇气，善于放弃是一种智慧

壁虎妈妈正在给壁虎讲祖先的故事，在世界上还没有人类的时候，动物们占据着森林草地，每只动物都要为生存努力。

壁虎的祖先也是这样的动物，它身子不大，有爬上爬下的本领，同时也有很多天敌。这一天，它被一只猫踩住尾巴，眼看就要丧命。壁虎拼命挣扎，猫狞笑说："今天你就是我的午餐，别挣扎了，再挣尾巴就要断了。"

壁虎绝望了，它想一只断了尾巴的壁虎是无法活下去的，但出于求生本能，它还是用力一挣，尾巴真的断在猫的爪子下。趁这个机会，壁

虎忍住剧痛逃走了。

"我就要死了,我失去尾巴,马上就会流血身亡。"壁虎这样想。可是,一天过去了,两天过去了,壁虎什么事也没有,又过了一段时间,它发现自己长出了新的尾巴。

"知道吗?在危险的时候,舍弃才是生存的唯一方法!"壁虎妈妈对小壁虎说。

在自然界,壁虎是一种体积小、很容易被吞噬的动物。当它们面对强大的敌人,唯一的自保方法是在被抓到时,主动挣断自己的尾巴,靠自己灵活的动作赶快逃命,以此获得生存的机会。观察壁虎,我们能够得到一种关于生存的智慧:尾巴会再长出来,生命只有一次,不能因为一时的疼痛就放弃生命,所以,敢于放弃是一种勇气。

在人生道路上,我们不断得到一些东西,有些很珍贵,有些是累赘,因为舍不得放手,我们把它们背在肩上,因此脚步越来越慢,错过了很多机会,也损失了很多时间。我们没勇气放下这些东西,因为害怕放下就再也找不回来,所以勉强自己,让自己越来越累。殊不知经过漫长的时间,所有东西都成了负担,成了阻碍。新的事物不断出现,你却没有力气去拿到,即使拿到,承重能力有限,也不能加在自己身上,这就是过分恋旧的遗憾。

对旧事物的长期占有也会造成思维的滞后。在大学里,有很多著名的老教授,但近年来,他们指导的研究生却越来越少,因为考研的学生大多在学校做过调查,他们发现,越是老教授,越容易捧着过时的观念不放，接受不了新思想。相反那些相对年轻的教授虽然声望和老教授相比还不够，却有很多新想法想要尝试，跟着他们可以学到更多的知识，哪怕是体会更多的失败，也是一种全方位的成长。

人生应该维持一种"新旧平衡"，保留旧日的好习惯、好经验、好生活是重要的，但一定要记得生活总是不断向前走，当更加有用的事物出现，你要保证自己有空间容纳它，有头脑接受它，而不是抱着旧事物不松手。古董虽然值钱，但一个屋子摆满古董，没有任何新时代的发明，难免让人觉得死气沉沉。如果旧事物与新事物安排得当，既能让人看到深厚的底蕴，又能让人焕发创新的精神。

淘金热盛行的时候，大量美国青年幻想一夜暴富，他们走向西部寻找金矿。约克也是其中一个。他和朋友们带着憧憬走向西部荒原。也许他们的路线出了问题，在他们前方，出现了一条大河。这条大河上没有桥也没有船只，最近的村庄也在几千米外。

约克和朋友们望河兴叹，一个朋友说："我听说只有极少数人才能淘到金子，我们也许会无功而返，这条河可能是上帝给我们的警示。不如我们现在就回家吧。"

几个朋友还在犹豫，约克突然说："这里虽然没有渡河工具，但要从这里去西部的人会越来越多，不如我们买几条渡船带他们过河吧。"朋友们认为约克的提议行得通，他们去遥远的村庄买来工具，亲自伐木造了渡船，每天送淘金客们到对岸。日复一日，淘金客乘兴而来，败兴而归，只有约克他们的生意越来越好，成了真正的富翁。

　　约克和朋友们带着淘金的梦想去了西部，一条大河挡住他们的去路。当有人提议淘金风险太大，不如立刻返回家乡时，约翰却另辟蹊径，提出他们应该就地做渡河生意。后来的事情果然如约克所料，他们靠渡河生意成为富翁。试想如果他们不肯舍弃当初的想法，现在可能在西部流浪，也可能在家乡默默无闻。所以，善于放弃是一种智慧。

　　据说很多作曲家都有类似的经历：他们正在谱曲，想到了一段非常美丽的旋律，却无论如何也不能放进手头的曲子里。想要完整的曲子就要放弃这一段美丽的旋律，但艺术家的灵感有限，放掉如此好的旋律又实在可惜。世界上没有那么多两全其美的事，我们经常面对两难的境地。很多时候我们就像这些作曲家，想要谱写壮丽的曲子，却必须放弃一段或几段美好的旋律，人人都有遗憾，所以才更要将这首曲子做得完美。

　　有得必有失，面对选择的时候，我们需要放弃，想要得到轻松，就要放弃沉重。那些不能拥有的东西是我们最应该放弃的，得不到的未必最好，不必因为得不到对它们恋恋不舍，前方一定会有更适合自己的那一份在等待。唯有如此，才能有一份从容的心态：感谢过去，即使我们不能拥有，却依然受益匪浅。

7 和负面欲望断、舍、离

人们很难摆脱欲望的困扰，名利、金钱、地位……对很多人来说，这是难以割舍的诱惑。欲望既能让人奋发图强，向着成功目标努力，也能让人贪得无厌，走上毁灭的道路。

切断贪念，抛离浮华，舍弃虚荣，与其在欲望中挣扎沉浮，不若心安神静，知足常乐。

万物为我所用，非我所有

一位虔诚的信徒每天都不停祈祷，请求神赐给他一些土地，让他能够养活一家老小。三年来，他每天三次祈祷，从未间断。他的虔诚令神感动，就派一个天使到他面前说："上帝已经恩准了你的要求，明天太阳升起的时候，你就从家门口开始跑步，直到太阳落山的那一刻，你跑过的地方从此属于你。"

信徒大喜，第二天一早他就开始跑步，为了获得更多的土地，他一刻不停地跑，甚至不肯停下来喝一口水，太阳还没下山，他就已经累死在道路上。他的家人含泪将他埋进土中。天使无奈地说："为什么这个人需要这么多的土地？"

如果仅靠奔跑就能得到土地，相信很多人都会像故事中的信徒一样，用尽力气拼命奔跑。但人的生命是有限的，以有限的生命追求无限的财富，结果难免失败。信徒没有成为一个富翁，最后，他得到一小块葬身的土地。在死亡面前，那些他努力想得到的东西并不属于他，也不属于任何人。

每个人在出生的时候就带着对世界的欲望，有些人追逐金钱，有些人追逐名利地位，还有人追逐美丽、追逐更好的生活……每个人的追求不同，只要是合理的、恰当的，都能够成为一种前进的动力，让人奋发向上，不断突破自己。当人的生命处于欲望与理想的生活状态，他不但能满足自己的生存需要，还能保持自由畅快的心灵。而欲望一旦过度，就如洪水决堤，再也没有方向，它使人盲目，使人迷失。而一个贪婪的人总是觉得拥有的不够多，他们的人生意义在于攫取，所以，他们总是被各种各样的烦心事缠绕，很难快乐。

两个富翁同时死去到了天堂，他们是多年前的对手，后来做各自的生意，不再有交集，此刻相逢在天堂门口，看到对方穿着朴素的衣服，都诧异地问："你看上去怎么这么贫穷？"

一个说："一直以来我都是个富有的人，我把赚来的钱全部换成金条存在我的地下室。可是前段时间，我的所有金条都被盗贼盗走了，我成了穷光蛋。"

另一个说："我也曾经是一个把金钱全都藏起来的人，晚年的时候我生了一场大病，医生好不容易才把我救回来。我突然觉得人一死，拥有多少金钱都没有用，所以我决定把它们分给那些更需要的人。死之前，我已经捐出了自己所有的财产。"

第一个富翁听到后若有所思地说："你做的才是对的，如果我生前能明白这件事就好了。"

天堂门口，两个成为穷人的富翁聚在一起，他们都曾为赚钱绞尽脑汁，现在，他们一无所有，心态却大不一样。第一个富翁一生的心血被盗贼偷走，沮丧而绝望，认为一生的努力全都成了泡影；第二个富翁将一生的储蓄用来帮助穷苦的人，平和坦然，认为自己是一个有意义有价值的人。

仔细观察我们的所有物，我们的财产不是属于自己的东西，我们只是暂时的保管者，时间一到，或者把它传给后代，或者将它归还他人；我们珍惜的感情也不是我们的东西，爱情会变成亲情，友情会随着世事变化改变，亲情随着亲人离世变为悲哀……有形的无形的东西都不属于我们，属于我们的唯有感觉，喜怒哀乐是我们自己的，心灵上的平静或烦躁也是我们自己的。一位名人说："如果你一直不满足，即使得到整个世界，你依然是不幸的人。"同理，只要心灵能够满足，即使被整个世界遗弃，我们依然可以是幸福的。

当一个人过度关注外部事物，任由欲望支配自己，他就会忽略自己的内心世界。印第安人有一句古训说"慢点走，等等自己的灵魂"，就是告诫人们要关注自己的心灵。只有心灵能够发觉生命最本质的东西，只有心灵能够抑制欲望的躁动。万事万物能够被我们触摸、欣赏、利用，可是并不属于我们，同样，我们也只属于自己，不属于任何事物，当我们能够认清世界是无数个独立的个体，自然也不会执着地去占有，而是任它们来去，内心充实而潇洒。

别让面子左右你的生活

一个卖油翁正在市场上卖油，他倒油的技术总能引来赶集人们的兴趣，卖油翁倒油从不浪费一滴，稳稳地将油倒入买油的人手中的葫芦，大家都对这一手啧啧称奇。

一个有钱公子听到这件事，带着一群家丁来到集市。看到卖油翁表演绝技，公子对家丁们说："谁能让这个卖油翁失手，我就赏谁十两银子。"家丁们有的找嘴最细的葫芦，有的在卖油翁倒油时故意喧哗捣乱，可是，老翁的手还是稳稳的。这时，一个家丁对公子说："我有办法，只要让兄弟们按照我的吩咐来做，卖油翁一定会失手。"

卖油翁又在倒油，公子的家丁们突然用力鼓掌喝彩，夸奖卖油翁的绝技神乎其神。卖油翁起初没在意，随着那些人越来越起劲的称赞，他有些飘飘然，他告诉自己一定不能失手，越是这样想，越失了准头。最后，油洒了一地，起哄的人哄堂大笑。

卖油翁熟能生巧，能把油稳稳倒进葫芦，不浪费一滴，从不失手，看到的人都觉得神奇。一旦他被周围的喝彩声蛊惑，害怕失去这种赞美，他就会越来越谨慎，越来越害怕失败，这种过度的小心反而会酿成错误。现实生活中的我们，也经常在人们的赞扬中得意自满，却在下一秒发现自己已经做不好那件被人夸奖的事。

俗话说，死要面子活受罪。太过在乎别人的评价，太过追求别人的赞美，就会把别人的目光当做自己的标准，让自己被他人左右。为了面子，人们常常去做自己根本做不到的事，或者将自己擅长的一件事做糟做差。很多人处在这样一种生活状态中：别人夸奖自己，就会自高自大，以为自己真的什么都能做到；别人贬低自己，就觉得自己是天下最差劲的人，什么都做不好。这样的人没有自我，他们总是因为别人的一句话忙碌，耽误原本要做的事。

仔细想想，别人的评价和自己究竟有什么实质性的关系？需要我们挂肚牵肠？外界的评论不外乎赞美和批评两种。真心实意的赞美和虚情假意的客套话都能满足我们的虚荣心，但是，如果过分在意，不论哪一种赞美都可能造成我们的自高自大。至于批评，善意的批评能够给我们带来益处，恶意的挖苦并不能给我们带来实际损失。为别人的评论改变自己，是本末倒置，完全丧失了最初的目标。

一家饭馆里，几个好朋友在一起喝酒，庆祝小张刚刚升任一家公司的销售主管。酒酣耳热之际，小刘拍着小张的肩膀说："我们公司最近刚好要进一批货物，我一定会从你那里进货，你不用担心新官上任不生火！"小张说了一连串谢谢，朋友们也都夸小刘够义气。

第二天酒醒，小刘才意识到自己犯了错误，他在公司并不负责进货，也没有权力规定进哪家公司的货物。但既然对朋友们夸下海口，只能硬着头皮去找公司采购部的人，费了不少口舌，花了不少交际费，也没能说通对方同意从小张那里进货。

最后，不但小张不满意，朋友们也都认为小刘信口开河，没本事瞎应承。小刘哑巴吃黄连，只能怪自己太要面子。

小刘听到朋友升职，想帮朋友做一笔大生意，本来是存好心办好事，但是他忘了一件最重要的事——自己是否有能力。一番忙碌后，小刘不但赔了夫人又折兵，还落了一身埋怨。可见打肿脸充胖子，自己疼不说，旁人还会笑话这脸怎么这么难看。

一个人的价值在于他做了什么，而不是说了什么，说了做不到，不是骗人就是吹牛。有些人明明并不想做浮夸的人，却在周围人的起哄、怂恿下，在自己的虚荣、意气下，空口许下诺言，或者加倍夸大自己的能力，为了自己的面子，他们尽力吹起那张牛皮，却不想想牛皮总有吹破的时候，那时岂不更没面子？

一旦生活被面子所左右，人们就会追求能力以外的东西，做费尽力气也做不好的事，把所有的时间都给了自己并不喜欢的事物，只为得到旁人的夸奖羡慕。这样的人容易累也容易失败，即使取得了一些成绩，也会觉得这并不是自己真正需要的，内心愈发空虚——面子是虚的，追求到的也只能是空虚。人们应该追求的是实实在在的东西，这些东西能够拿在手中，能够给我们带来舒适和享受，也只有这些东西才能让我们踏实，得到真正的满足。

同时追两只兔子的人，两手空空

游牧民族的孩子从小就要学习牧羊和打猎，看到丰茂的森林草地，全族的青壮年男子就要冲进去寻找猎物。一个孩子刚刚学会骑马，在叔叔的带领下学习打猎，想要一展身手。

小孩子爱玩，心态又浮躁，看到兔子就想追兔子。正在追兔子，旁边蹿出一只鹿，他又想追那只肥大的鹿。这时一只野鸡从头上飞过去，他又想弯弓射箭打下野鸡。孩子就这样，看到什么想打下什么，结果一个也打不到，回头想找一开始看到的那个，动物们早跑没影了，忙了一天，他两手空空。

叔叔告诉他说："我第一次打猎和你一样，看见什么想打什么，其实一次只能射一箭，得到一只猎物就是收获，为什么要贪心？只有戒掉这个毛病，你才能成为一个优秀的猎手。"

孩子初学打猎难免三心二意，什么都想抓的结果是什么都没追到，白白浪费力气。长辈以自身经验告诫孩子，想要做一个优秀的猎手，先要学会不贪心，一心一意地抓紧眼前的目标。打猎如此，做任何事也是一样，目标一旦堆积，就会造成视觉上和心理上的双重障碍，只有头脑清醒的人才会从一开始就盯准一个，抓到手再着手下一个。

俗话说，一个人不能同时追赶两只兔子。如果一只兔子朝东，一只兔子朝西，这个人只能留在原地踏步，一无所获。如果兔子再多一点，这个人恐怕连怎么抓兔子都忘了，光顾着想究竟追哪只，成为一个彻头彻尾的空想家。大千世界，机会无处不在，诱惑无时不有，如果不能认定一个，而是四面出击，不论是精力还是头脑都会不够用。

人们常说做事要重视过程，不要过分看重结果。其实这句话应该加一个前提，不论什么过程，都需要投入百分百的心力，否则就不叫过程，叫路过。路过的人看看路边的好风景，欣赏一下别人的劳作，还能指点一下哪一块地长得好，哪一片庄稼收成差。当然，收获这件事与这样的人无关。三心二意的人经常处于"路过"状态，他们做什么事都是三天新鲜，很快又有了新的目标、新的计划，而且他们还会找很多理由说服自己、说服别人："现在这个比以前那个更好。"这样的人，抓不牢自己的人生，只能"被路过"。

一只狐狸住在一座大山里，经常为食物发愁。这一天，它的好运来了，山脚下的一个农民开了一个养鸡场，狐狸每天都溜下山，偷偷叼走一只鸡。农民每天清点鸡的数目，发现每天都要缺一只，可狐狸跑得太快，农民没有办法。

渐渐地，狐狸觉得每天一只鸡不够吃，它想要吃更多的鸡，它每天叼一只大个儿的鸡，还要带上一只小鸡。又过了半个月，一只大鸡和一只小鸡也不能满足狐狸的胃口，它开始叼两只大鸡，可是，叼了两只大鸡后，狐狸逃跑的速度明显地慢了下来，终于在一天晚上，被埋伏在鸡棚外的农夫抓个正着。直到被捆住，狐狸的嘴还紧紧咬住一只鸡。农夫叹息说："你真是到死都不知道悔悟！要不是你太贪心，又怎么会被我抓到！"

一只饥饿的狐狸发现一个养鸡场，从此，它的胃口越来越大，这个过程形象地反映了贪心的膨胀。一旦欲望超过一定限度，灾难就会降临，狐狸被养鸡的农夫抓住。更让人感叹的是，这只狐狸到死也摆脱不了自己的贪欲，被抓的时候它还紧紧地咬住刚刚偷来的鸡，贪欲的毁灭力量可见一斑。

俗话说，人心不足蛇吞象，这是关于贪心的一个形象比喻。一只蛇想要吞下一只大象，就像我们每天面对外部世界的诱惑，什么都想得到，偏偏我们精力有限，金钱有限，如果一味去追求，有可能让自己累倒在半路。就算有一座金山摆在眼前，我们能拿的，也只是自己拿得动的那一部分，不然不是在半路晕倒，就是在金山里饿死。不得不承认，以我们有限的生命和能力，追求不了那么多的东西，承担不了那么重的负担。

既然一个人的能力决定了他能获得什么，努力程度决定他能获得多少，贪心就成了一种自我折磨。就像小时候我们吃着糖果，如果总是想着没吃到的饼干，或者想着明天吃的蛋糕，目标太多，就会造成心理上的混淆，最后吃到嘴里的都不香甜。还有的时候，我们顾此失彼，不看自己手里的这个，而是紧盯着别人手里的，最后两边落空，自己难过。

不如简单一点，专一一点，把握住自己眼前的东西，因为抓得住的永远比抓不住的重要，自己手里的总比别人手里的安全。

　　人生的道路也是如此，很多时候，我们不止有一个选择，哪个方向都有自己想要的东西，哪个方向都是一种诱惑，我们必须下定决心选择一个，才能用最短的时间到达目的地。选择也需要智慧，我们选择的地方不应该是虚幻的海市蜃楼，而是那些我们的目光也许不能到达，但相信自己有足够能力到达的地方。一个人不能追逐两个理想，任何时候，专一的人比左顾右盼的人拥有更多把握成功的时间、珍贵的机遇。

欲望太多，生活会不堪重负

　　在日本，夏日夜市是人们很喜欢的娱乐项目，夜市上有一项传统游戏捞金鱼。

　　各种各样的金鱼放在巨大的铁皮容器里，捞金鱼的人需要买一个渔网，然后蹲下身捞自己喜欢的金鱼，捞到的就可以带回家。有些人能捞到很多条，有些人却一条也没有捞到，因为捞金鱼的网不太结实，金鱼如果用力，可以在被捞出水之前挣破网。

　　一个小孩一连买了五六个渔网，都被金鱼挣破，他抱怨老板说：

"你这里的渔网质量太差了，我一条都捞不上来。"老板笑着说："你既然知道渔网很不结实，为什么还要挑那些个头大的金鱼？如果你愿意捞小一些的，现在你手中的鱼也许可以放满一个小鱼缸。"

在贪心的人看来，一切东西都是越大越好，越多越好，他们不会想想自己手里的渔网究竟能不能撑得住大鱼的重量，只会想花了钱就要得到最多的实惠。其实，金鱼并不一定是大个儿的好，小鱼也有小鱼的轻巧美丽，而且容易养活。但贪心的人总是忽略这个简单的事实。

有一位中国诗人曾写过这样一首简单的诗，只有三个字："生活——网。"生活就像人们手中的渔网，人们想要捞取很多东西，越多越好。但是，一旦这些东西超过了网的容量，人们就会失去一切，包括手中的渔网。

一个人如果被欲望支配，他的目光始终在生活之上，当他住着宽敞的房子，他想要更大的房子，有了更大的房子，又想要一座独体别墅，有了别墅，他又想得到更多别墅。即使他做了地产商，他也不会满足，永远不会低下头看看他现在住的房子是多么舒适，多么适合居家。欲望给人带来的损失不只是物质上的得不偿失，而是心灵上无止尽的饥渴，像一个永远喝不到水的人，贪婪的人总是被这种饥渴折磨。

还有人将贪婪与进取等同，认为贪婪是人前进的动力，因为"有了明确的目标才能奋发向上"。但进取是在自己现状的基础上，想要更进一步提高自己的能力和生活水平，它的本质是一种利用，多数情况下，这种"利用"既有利己的一面，也有利他的一面；而贪婪是指对某种事物、特别是名利相关的事物无限制地索取，它的本质是一种占有，而且不与他人分享，仅仅满足个人的私欲。

机场大厅，张敬看到了多年不见的同学徐佳，两个人感慨万千，徐佳对张敬说："这么多年没见，你老了。听说你现在是一家公司的经理，老同学们都很羡慕你。"

张敬说："你看上去还很年轻，我也很羡慕像你这样自由的人，工作的时候出去采访，没事的时候到处旅游。"徐佳点点头说："是啊，虽然工资低点，不过这种生活适合我，你今天是要去哪里？"

"我要去广州开会，下午还要飞往武汉，有个合同需要我亲自处理，还要连夜赶回来。"张敬说。徐佳问："那么你什么时候休息？"

"再过十年二十年，我有了足够的钱，就可以歇下来，像你一样到处走走。"

"这种生活你现在就可以过，比我过得更好，为什么等到十年二十年以后呢？"徐佳说。

那天会面后，张敬一改往日的生活态度，他仍然认真地工作，却拿出比以前更多的时间陪伴家人，四处旅游。当人们问他原因，他说："生命太短，不要把最想做的事放到以后。"

机场的一次会面，使事业有成的张敬重新审视自己的生活。在徐佳看来，有金钱基础的张敬，理应比她更有资本享受生活，而张敬却想把这种享受推迟到十年或二十年以后。他们都知道问题的答案：张敬觉得自己得到的不够多，他想要得到更多的金钱。

人们常说金钱是万恶之源，但不能否认，金钱能够为我们做很多事，衣食住行，生老病死，没有一样能离开金钱，想要活得舒适自在，必须由足够的金钱支撑，也难怪人们会有欲望，会有贪念。谁不想让自己、让自己的亲人生活得更好？但同时也要认识到，过犹不及，一旦欲望超标，得到的东西就不再是享受，而是负担，随着负担越来越重，不但肩膀被压得生疼，脑细胞死了一片又一片，心灵的平静更是不复存在。

国外的社会学家曾做过一项研究，发现人们的欲望越小，幸福感就越高。幸福生活的关键在于掌控自己的欲望，学会适可而止，要尽量让自己生活得好一些，但不要将这种愿望当做唯一的追求，因为生命中还有更多事情需要自己投入精力，它们所带来的快乐是金钱不能带来的，就如一位作家写道："金钱可以买来药物，但买不来健康；金钱可以买来婚姻，但买不来爱情；金钱可以买来学历，但买不来能力……"我们的关注点应该始终停在我们精神的丰盈，而不是物质的多少上。

给欲望一个底线，该刹车的时候要刹车

在古代，国家面临内忧外患，有位皇帝登基后选拔了一批年轻能干的大臣辅佐自己，其中有四个人最引人注目，其中一个指挥兵马抵抗外族侵略，一个带领人马深入边疆开拓领土，第三个辅佐皇帝完善内政，保证百姓安居乐业，第四个一手掌管国家机构，使国家行政高速而有效率。经过十年的时间，国富民强，四夷臣服，皇帝对四个人感激不尽，让他们自己提出想要的官职。

第一个人要当将军，第二个人要求在自己开拓的领土封侯，第三个要当宰相，第四个对皇帝说国事已了，想要回家孝顺父母，陪伴妻子，皇帝答应了他们四个的要求。

又过了十年，前三个人或因为朝臣造谣，或因为自己生了歹心，都被皇帝处斩抄家；只有那个功成身退的大臣，不但全家性命得以保全，还常年享受着皇帝的赏赐，百姓的赞扬。

在阿拉斯加的赌场里，赌场管理人员故意将赌场的灯光布置得昏暗，让人一进去就会忘记时间，既感觉不到黑夜也感觉不到白天，只会被现场的气氛感染，不断下注。在这里，人的贪婪不断被煽动，手中的

176

筹码用完，他们会迫不及待去买更多的筹码，平日理智的人也会为能一夜暴富疯狂。他们中的大多数人都输光了自己的钱，有的甚至倾家荡产。只有那些能够控制欲望的人，才能真正把赌博当做一种娱乐，拿出有限的钱，赢了很开心，输了也不可惜。

在股市上也经常有这种情况，有人为了致富，不但拿出自己所有的财产，甚至举债购买他所看中的"潜力股"，极少的人发了大财，更多人赔得一干二净，也有人为此结束生命。旁观者感叹，股票本来是一种投资方式，偏偏有那么多人将它当做投机的机会，为了财富，完全忽略了巨大的风险，把自己逼上绝路，给家人带来灾难。一切都源于无止尽的欲望，由此可知，欲望应该有一个底线，超过这个底线，所有人都输不起。

一个国王为自己的国家操劳一生，年老之后，妻子已经去世，他把王位传给自己的儿子，他希望能在一个幽静的山林一个人颐养天年，安然离世。于是，他独自去了邻国的一座山林。

到了山林他才发现，山里的生活并不简单，住在山洞里，他需要每天捕鱼找食物。他觉得有更好的工具生活会更轻松，于是去集市用抓来的鱼换来渔网弓箭等工具。等到有了这些东西，他觉得有条船、有匹马自己会更轻松，于是又去买船买马，过了一段时间他觉得自己忙不过来，就雇人帮他捕鱼打猎。国王的运气很好，渐渐地，他的仆人越来越多，财富越来越多，而邻国国王都派人请他去宫中吃饭，他又回复到过去锦衣玉食的生活，每天为各种琐事烦恼，仍然不能过梦想中的安静生活。

国王想要归隐山林，安享晚年，可是这位总是想要"充实"自己的国王很快又成了一方名人。其实，国王只要在起初的几个步骤停下来，他就能够过一种简单的生活。但国王放任自己的欲望越来越多，欲望越多，生活就越复杂，等他回过神来，再也不能过平静的生活。

对待欲望，人们有两个方式，一是适当地控制它，二是尽量满足它。喜爱开车的人最喜欢上高速，只有在高速公路上才能真正享受到飞驰的快感。当他们沉迷在这种奔驰中，速度一再升高，危险也悄然降临。当速度超过限制速度，有时会引发严重的交通事故，车主人车开得太快，他停不下，别人也避不开，这种车祸现场血肉横飞，极其惨烈。人的欲望就像开快车，到了一定的速度，如果不知道及时刹车，不但害了自己，也会给别人带来巨大损失。

欲望是人最基本的属性，没有人能摆脱欲望，也不必对它过分害怕。我们能做的是尽量给欲望定一个底线和标准：在这个标准上，既能让自己生活得舒服、自在，又不会损害别人的利益；在这个标准上，心灵能够保持一种宁静而又积极的状态，不会因贪婪劳累，也不会因碌碌无为而迷茫。也许我们尚未知道如何把握这个标准，那么等有一天察觉自己拥有的已经太多，灵魂早已疲惫不堪时，那个标准已经来到你的面前，记得要理智地对自己说："刹车吧。"

人生短暂，知足的人才能快乐

星期天，一群人在河边钓鱼，岸边人一多，大鱼就不容易往岸边靠，多数人只能钓到一寸来长的小鱼。在钓鱼的人中，一位老人特别引人注目，他坐在钓竿旁悠闲地翻着一本书，偶尔才看一眼钓竿，然后继续慢悠悠地看书，不时还念出几句。

可是，这位漫不经心的老人运气却是最好的，一个上午，已经有三条两尺长的大鱼被他钓了上来。更让人吃惊的是，他看到那些大鱼，只是摇摇头，把鱼重新扔回到河里。

有人忍不住上前问他说："好不容易钓到大鱼，你为什么要放了它们?"

"要它们有什么用? 我家里没有那么长的盘子，也没有那么大的锅。"老人说。

在生活中，多数人都克制不了自己的欲念，像那些钓鱼的人，认为上钩的鱼越多越好。只有那位老人清楚地知道，拿到不需要的东西，除了增加自己的劳动量，浪费心力存储，还有什么用处，所以他果断地不要这些额外负担。

我们常常觉得自己的负担重，当别人说："你为什么不取下来一点？"又觉得每一种负担都有用处，都舍不得扔掉。就像一个塞满旧衣服的衣橱，我们总是对自己说："那件衣服还能穿，那件衣服我还想穿。"天天把所有衣服挂在眼前，搞到自己根本不知道该穿哪件衣服，纯属浪费精力。实际上，很多衣服我们再也不会穿，只是摆在那里安慰自己。不如尽早将它们叠起来，收起来，需要回忆的时候小心翻看一遍，这才是拥有的真正含义。

只取自己需要的那部分，其余的都是负担，这是一种精炼的生存智慧。人生就如一次旅游，背负的东西越多，脚步就越沉重，能走过的道路就越短。看似得到了很多，实际上错过的更多。如果能降低自己的欲望，把攫取的心思用在生活的其他方面，专心致志地追逐最重要的目标，每个人的生命都能更加精彩和丰富，也都能更加懂得和珍惜自己的拥有。如此一来，生命的质量才会大大提高。

一个愁眉苦脸的男人坐在公园发呆，路过的人问他："这三天我都看到你坐在这里发呆，什么事让你这么烦心？"

男人说："最近我们公司即将裁员，我今年业绩不好，也许会被裁掉。儿子马上就要考高中，不知道成绩如何。"男人像是很久没有找人倾诉过，和路过的人说了将近半个钟头。路过的人沉默地听着，等男人全部说完才问：

"那么，如果你没有被裁员，事情就会好很多对吗？"

"就算没有被裁员，工资也太低了，也不会好多少。"男人越说越无奈。

"如果你的孩子考上好高中，你又要担心他能否考上好大学？"

"没错。"

"你为什么不想想，你现在还有工作，比那些街头找工作的人要幸运得多；你的儿子在努力学习，比那些完全没有实力的孩子要强得多。总是想着不好的事，怎么会不烦心呢？"路人说，"你知道吗，我的儿子已经连续两年高考失败，我也已经下岗三个月，还没有找到工作，但是我现在仍然能够安慰你，因为我比你更知足。"

路人说完转头走了，男人思索了很长时间，终于走向家门，他要给儿子买一本新的参考书，还要在吃饭后准备明天的企划书。

在我们忧愁的时候，旁人的安慰听起来不痛不痒，没有任何实质帮助。就像故事中的男人听到路人的劝导却表现出冷漠。直到他知道路人的遭遇比自己更不幸，男人这才懂得，人的幸与不幸不在于外界条件，而在于自己的内心是否知足。

相对于无穷无尽的欲望，知足是一种境界。知足就是珍惜自己拥有的事物，除此之外别无他求。一个人的欲望有限，他看待世界的目光就不再是算计和攫取，而是平和与理解，他们会发觉贫穷不算什么，因为生活还有其他财富；生病不算什么，因为有人关心；失败不算什么，至少还留有实力……一切都有好的一面，他们的心里始终有普照的阳光。

一个人一旦懂得知足，他的内心就会永远存着坦然和感恩的念头。人生的烦恼只是小小的插曲，容易忽略也不会造成伤害。经历的挫折也是上天给予的财富，能够从中吸取宝贵的部分，增加自己生命的重量。没有什么值得哭泣，因为已经拥有那么多幸福。对知足的人来说，困难并不是困难，总会有解决的办法、突破的出路。

知足的人有福气，面对花花世界，他们能够抗拒外界的诱惑，也能够控制盲目的欲望，一心一意地对待自己的生命，他们比别人更加懂得快乐来自满足，知足就是幸福。

8 和负面追求断、舍、离

　　司马迁说："天下熙熙皆为利来，天下攘攘皆为利往。"以世俗眼光，很多人一生的追求无非金钱和地位，人们最在意的东西无非是享受和被尊重。但是，金钱不等于快乐，地位不等于价值，有时亿万富翁的幸福感不如一个普通人。

　　切断懦弱，抛离浮躁，舍弃对物欲的无节制追求，你很快乐，不必为自己的平凡懊恼。

别让对名利的渴望摧毁你的生活

在中国历史上，李斯是秦朝的开国功臣，以卓越的政治远见和出色的能力辅佐秦始皇统一六国，建立秦朝，并出任丞相。但是，李斯一生追求名利地位。为了地位，他与宦官赵高勾结，害死公子扶苏，扶持胡亥成为皇帝。

追求名利的人大多因名利败亡，没多久，李斯和赵高产生矛盾，被赵高谋害，全家获罪。李斯被腰斩前，曾悔恨地对身边的儿子说："真希望能和你像以前一样去山里打猎。"即将被腰斩的儿子流下眼泪。名利害人，古今皆同。

李斯是中国历史上的名人，他因《谏逐客书》成为嬴政的亲信，可见他学识过人；他忌妒韩非的才能，加以迫害，可见他功名之心太重——这两件事足以预见他后来的经历。他既是能臣，又能为了自己的地位违背原则。当秦二世胡亥上台后，渴望权势的李斯不可避免与当权宦官赵高发生矛盾，他成了失败者。在死亡面前，他幡然醒悟，对自己儿子说出了最大的心愿，原来一切名利追求都不如一份平常的幸福来得实在。

司马迁说："天下熙熙皆为利来，天下攘攘皆为利往。"人活于世，追求名利是一种常态，一个人想要实现自身的价值，想要让更多人了解、尊重，这样的"名"是每个人需要得到的；一个人想要通过努力累积财富，改变自身的条件，个人的生活，这样的"利"是每个人必须追求的。"名利"并不是一个贬义词，人们会说"名利害人"，是因为有人过度地追求名利，以不正当的方式得到名利，换言之，害人的不是名利，而是自己的贪婪。

在很久以前，一位仙人被一个农夫所救。仙人万分感激，为了报答农夫的救命之恩，于是送给他一件宝物。这件宝物可以变出许多的金银珠宝，但条件是必须以自己的寿命作为交换。仙人一再叮嘱农夫，切莫一再交换，否则将会生命殆尽。

农夫回到家里，用自己十年的寿命交换了第一批珠宝。这使他从一个穷困的农夫变成了城镇里一等一的大财主。可他并没有满足，为了使自己的生活变得更加奢侈富足，他一次又一次地以自己的生命交换着财富。

直到有一天，仙人再次云游到此地。在城郊的一棵大树下看到了只剩下一口气的农夫。只见他气若游丝，眼看就要不行了，可怀里还是紧紧地抱着那件宝物不肯放手。

仙人看到这一幕，十分地痛心。他走到农夫面前，叹道："你这个人呐，到死你还不可以摆脱一个贪字啊！也罢，这世间上如你这般舍命不舍财，至死不悟的大有人在啊！"

在现实生活中，我们的所作所为和农夫并没有本质区别，都是在用青春、生命来交换财富。过上好的生活是我们的追求，但为了金钱耗损全部精力，就有点得不偿失。因为除了财富，生命中还有很多重要的东西，例如感情、爱好、追求……共同构成了我们的生活，一味追求金钱，必然会耽误到其他方面。生命的美在于平衡，只有"全面发展"的人，得到的才能最多，而只顾追求金钱的人，却失去了金钱外的所有东西。

名利和地位的确能给我们带来很多东西，有了名利，我们会有舒适的生活、良好的环境、受人尊敬的社会地位、丰富的娱乐，但这种状态会麻痹我们的心灵，让我们变得养尊处优，不了解人世疾苦，为了保护自己的利益不择手段，在声色犬马中挥霍光阴……当名利超过一定限度，带给我们的不再是满足，而是空虚，我们会认为自己的生活中少了从前的单纯快乐，少了一份真诚和信任。这时才会发现，名利早已在悄然侵蚀我们的内心，摧毁我们的生活。

在医院病房里，很多人感慨自己之所以住院，都是因为太过操劳，即使得到了很多财富、很高地位又如何？到现在只希望用所有的财产换一个健康的、青春的身体。生命以及生命中的一切都需要珍惜，而不是躺在病床上的时候才开始后悔。名利并不可怕，可怕的是对名利无止境的贪念；真正摧毁一个人生活的并不是名利，而是随名利而来的虚荣、黑洞一样越来越大的欲望。追求名利，同时不被名利左右的人，才是有理想的人，有智慧的人。

做金钱的主人，而不是物欲的奴隶

一个贫穷青年卖掉母亲留下的一块精美地毯，得到了一大袋金币。第一次看到如此多的金币，青年很兴奋。为了防贼，他将金币放在罐子里埋进后院。每天晚上，青年会拿出罐子，一遍一遍数他的金币，一次次对自己说："我是个有钱人，哈哈！"

这样的日子过了半年，青年每天做苦工、吃粗粮，穿的衣服上全是补丁，但他每天依然数金币，认为自己是个有钱人。一天晚上，盗贼偷偷挖走了罐子，第二天，发现失窃的青年坐在院子里大哭，哭声引来了青年的邻居。

邻居们知道了事情经过，他们问："难道你一枚金币都没有花吗？"

"当然没有！"青年回答，"我一枚金币也舍不得花！"

"那么，你不必伤心，反正这些钱在你手里和丢掉没有什么区别。"邻居们说。

人们常常用"守财奴"来形容那些一心占有金钱，拥有大量财富却一毛不拔的人。他们虽然是富翁，看上去却连穷人都不如，他们每花一分钱就觉得心如刀割，舍不得为自己、为别人消费，只想把钱堆在仓库里。金钱的价值在于交换，可以给人带来各种层次的满足，例如住房、饮食、衣着、娱乐……都能用金钱予以满足，只要不过量，不滥用，拥有金钱就是生存和生活的保证。守财奴们却把金钱当做收藏品，完全扭曲了金钱的价值。他们看似是金钱的主人，其实却成了金钱忠诚的仆人——一个暂时的保管者，一个活动的保险柜。

欧美大富翁们教育子女都有一套自己的方法，这些富翁大多经历过创业、守业的艰苦时期，不期望他们的后代是只懂得挥霍的纨绔子弟，他们会鼓励后代从小就认识到金钱的价值，靠自己的劳动换取需要的零用钱，他们也不会纵容孩子的欲望，让他们养成挥金如土的习惯，他们用这种方法告诉子女，金钱来之不易，要用它们做最有用的事，而不是胡乱使用。更重要的是，富翁们希望子女们不要有更多的机会接触到那些金钱无法买到的东西，不要从小就为金钱生活，成为金钱的奴隶。

一个富翁即将去世，他不必找律师订遗嘱，因为他没有亲人，也没有后代。躺在病床上，富翁感到无比后悔。

年轻的时候，他曾经有一个深爱的女人，他们本来想结婚，可是男人工作太忙，常常忽略女朋友，最后女人选择分手。后来男人和别人结婚，有两个儿子，他们的母亲死得早，男人忙着赚钱，把孩子们交给仆人管教，结果两个孩子一个吸毒致死，一个斗殴被人打死。

如果不是忙着做生意，也许他会和最爱的那个女人结婚，或者和自己的儿子们朝夕相处，都是很幸福的生活。富翁流着泪想起这些，又想到他的财产，他以为这些财产属于他，他是主人，其实是它们奴役了他，让他一辈子都为这些财产卖命，临死却不能带走一分一毫。

在富翁人生的最后岁月里，陪伴他的不是温情和嘘寒问暖，而是冰冷沉重的金钱枷锁，曾经他因为赚钱所抛弃的一切，在现在看来格外珍贵。没有后代的富翁努力一辈子，死后这笔财富就会烟消云散。他第一次开始怀疑自己的人生，后悔自己为了追逐金钱失去了那么多珍贵的东西。可人生不能重来，后悔无济于事，他也只能孤单地走向死亡。

人们常说："金钱是万恶之源。"事实上，金钱没有思想，不能作恶，作恶的是人的贪欲。它能够摧毁一个人的意志，占据一个人的生活，当人们把对金钱的追求当做生命的重心，他们很自然地抛弃其他东西，商人抛弃信用，官员抛弃廉洁，有些人甚至抛弃学业、爱情、健康……直到失去一切，他们才恍然明白手中的金钱可以衡量，可以是一个数字，而失去的那些东西却无法估价，因为它们是无价的。

金钱能够换来最实在的物质，满足我们的需要，让我们生活得更好，也能够用来帮助他人，回馈社会。所以，想要得到金钱并没有错，关键是一个人如何驾驭金钱，是使用金钱无止境地满足自己的私欲，让自己终生生活在对物欲的追求中不能自拔，还是让金钱为自己服务，操纵它满足生活的需要，实现自己的梦想？财富只有合理地使用才能发挥最大的作用，别让金钱失去它的意义。

君子爱财，取之有道，用之有度。人生的幸福在于证明自己的能力，并用这种能力为自己、为他人带来快乐，拥有财富正是这种能力的标志之一。需要注意的是，要把财富变为一种切实的享受，一种让自己和他人快乐的工具，就算不能当一个兼济天下的圣人，至少也要做一个慷慨大度的仁者，而不能在证明自己的能力后，成为一个对自己苛刻、对他人吝啬的"守财奴"。

贪多嚼不烂，拥有有时不是一种享受

一个小女孩总嫌自己的零花钱少，看到邻居家的小孩穿新衣服就嚷嚷着要买更好的。她的爸爸妈妈虽然很富有，但他们重视孩子的教育，爸爸对孩子说："你已经有了这么多新衣服，穿都穿不过来，还要新的?" 小孩哭闹着不肯罢休，父母决定给她一个教训。

第二天早晨，妈妈对小女孩说："现在我给你两个硬币，如果你能双手一整天不放开它们，你就可以买很多件你喜欢的新衣服。"小女孩开心地答应了。

这天刚好是星期天，妈妈烤了蛋糕请朋友来家里玩，又做了很多美味的菜。朋友带来了最新的玩具，小女孩为了那件新衣服，只能眼巴巴地看着别人吃喝玩乐，她不敢放下手里的硬币，一旦放下，她就不能买新衣服了。下午，父母又带着她去游乐园，看到小朋友们玩得那么开心，小女孩只能站在那里握着硬币。

艰难的一天过去了，小女孩得到了她的新衣服，但她一点也不开心。她有点后悔因为几件衣服，失去了一个愉快的星期天。

贪婪有时像中毒，贪婪的人一直相信自己得到了很多东西，一旦有天清醒，就发现失去的远比得到的多。贪婪带给人的满足永远是虚幻的，就像糖果是甜美的，一旦吃得太多就会腻，就会生虫牙，但有些人还是想多要一点糖果，哪怕只是闻闻香气、看看漂亮的糖衣，等到有一天连闻到糖果的香气都想吐，糖果就再也不能给人带来欢乐。是贪婪让满足变质，让快乐贬值，原本的幸福变成了痛苦的回忆。

人们常常误会"拥有"这个词的含义。拥有和占有不同，两个人同样拥有一座美丽的花园，花园里开满馨香的花朵，一个将花园用漂亮的白色栅栏围住，坐在草坪上悠闲地读书，来来往往的人都能看着这美丽的景致，附近的孩子有时也会摘走几朵花；另一个把花园四周围了高高的墙壁，谁也不知道墙壁里有什么，而这个人不能和任何人分享美景，没过几天他也懒得再看这些花——前者是拥有，后者是占有。后者看似得到的比前者多，实际上他什么都没有，白白浪费了满园春色。

有一个叫李汉的果农，一直以种植果树为生。李汉是个勤快人，不论是播种、施肥还是平时照料可以说都是尽心尽力。可不知为什么，他家的果树总是没有邻村张为家的果树收成好。为此，他决定到张为那里去取经。这张为是个善良的庄稼汉，每次都热情招待。

几次考察下来，李汉终于找到了张为近年来大丰收的原因。因为邻村的东边是一片茂密的森林，而张为的果园紧靠着这片林子。不知从何时起，林子里经常飞来一些黄色的不知叫什么的鸟雀。这鸟雀经常停留在张为的果树上，以果树上的虫子为食，大大减少了果树枝叶和幼果被虫害的现象。不仅如此，这鸟雀的粪便掉落在果园中，无意间竟成了天然的肥料，效果比买来的普通肥料好得多。

知道果树增产的妙方，李汉欣喜若狂，他想："要是多抓点鸟儿回去，我的果园不就比张为的果园收成好？"他带了几个帮手，到邻村森林中抓了一大批鸟雀放养在果园中。抓了一次，他觉得不够，又抓了第二次、第三次……

果园里的鸟儿越来越多，过多的鸟儿不但吃掉了所有的虫子，而且在虫子吃光之后竟开始吃起了果树的叶子。而过多的鸟粪不但没有起到养肥的作用，反而使果树日渐枯黄。李汉大吃一惊，赶忙找人来抓走鸟雀，可为时已晚。

张为好心告诉李汉果树增产的秘方，李汉知道原来果树长得好，要靠多一些鸟雀补充果园的"天然肥料"，一次又一次地抓鸟放进自己的果园。没想到，太多的鸟儿造成这样的结果，是该怪李汉没头脑，还是怪李汉太贪心？

一个村庄面临干旱，村民们去庙里拜龙王，希望龙王降大雨拯救村民。善良的龙王立刻施法降下大雨，村民们感激涕零。龙王在他们的赞美声中加大施法的力气，结果大雨变为暴雨，整个村子成了一片汪洋。即使是出于善念，给予太多也会造成恶果。就像父母溺爱孩子，希望孩子得到更多的关爱，什么都帮孩子做，什么挫折都不让孩子去经历，这样做的结果是孩子软弱无能，只能生活在父母的羽翼下，经不起一点风浪。

凡事都有一个"度"，一旦超过就会酿成灾难。人的追求和欲望也是如此，一旦拥有的东西过多，就会成为负担。负面的东西拥有过多，会让我们因太过劳累而崩溃。正面的东西呢？一个人过于乐天，没有任何忧患意识，危险到了眼皮底下他都看不到；一个人有很多优秀的老师，他得到很好的教育，但每个老师给他的未来建议都不同，哪个都有道理，就造成了他的迷茫……即使拥有的东西都是积极的、良性的，事情也不会永远"多多益善"，不能把握尺度，正面也会向负面转化。

老子说："少则得，多则惑。"想要的东西太多，得到的东西太多，自然会让自己身心疲惫。人们生来就有追求，就有满足自己欲望的本能，但是，如果一味追逐欲望，让自己陷入永无止境的赛跑中，就算得到的东西越来越多，也只会适得其反，毁了自己最初的目的。贪欲无止境，聪明的人懂得适可而止、适时放手。

真正的幸福与金钱、地位无关

有了钱是不是就有快乐，这是每个人都曾思考的问题。很多富翁现身说法，证明金钱与快乐并不成正比。但人们仍旧会想："有了钱快不快乐不重要，重要的是我可以比现在生活得更好。"谁愿意一辈子忍饥挨饿、居于人下？有时候人们追求的并不是名利，而是一种幸福的可能，一旦这种可能成为事实，手中有了资本，如何利用这笔钱、这份名气，就显示了人与人对幸福的多种理解，对生活的不同追求。

在中国，每个地方都有独特的小吃，这些老牌子都靠一家人起早贪黑忙碌，尽管食客们排起长队，一家人还是不想扩大店面。很多商家希望出资金扶植这些小吃，让这些牌子走出地方，走向全国，可做小吃的人却认为赚那么多钱没有必要，简简单单做自己的东西才是最重要和最快乐的。不是每个人都想追逐金钱，每个人都有适合自己的生活。在很多人看来，有钱有名未必是一件好事。

有社会学家经过大量调查，得出了这样一个结论：在人们的幸福感构成中，金钱只占了五分之一的决定作用，金钱只有在满足人类基本需求时才能提供巨大的幸福感。人类的幸福的确需要物质基础，但大部分与金钱无关。幸福感大多来自家庭的温暖、事业的成功、人际的和谐，甚至运动、音乐、文学……这些都是金钱买不到的东西，却也是最宝贵的财富。

哈里的父亲是一个富翁，哈里从小失去母亲，父亲忙着生意，对他的爱只拿金钱表示，这个男孩到了 16 岁，不想考大学，也不想再和狐朋狗友鬼混，他想知道什么是幸福，他有没有可能得到真正的幸福。带着这两个问题，哈里开始周游美国。

一年后哈里回到家，拿起书本开始用功，他的基础不差，又肯下苦功，最后申请了一个不错的大学就读。若干年后，他才对人说起那一年他究竟做了什么。原来，哈里并没有旅游，而是在迪斯尼乐园打工。那是他旅游的第一站，他认为小孩子是最快乐的，想要近距离接触孩子们。玩了一天后，他决定应聘那里的服务生。

哈里每天穿着毛茸茸的米老鼠服装，和小孩子们在一起，他发现小孩子并不是没有烦恼，但他们更懂得欢乐。他们游戏的时候就进去游戏，并且感激爸爸妈妈给自己这个游戏的机会，一家人其乐融融。原来欢乐就是做自己该做的事，就这么简单。

哈里开始思考自己的人生，他不想继续混日子，又不知道该如何生活，后来他在迪斯尼乐园当一个普通的服务生，每天陪小孩子玩耍，他发现只有小孩子才是真正懂得快乐的人——他们不会想多余的烦恼，认真做符合自己年龄的事。一年后，男孩回到家，开始用功读书，他相信只要努力，自己也能成为一个快乐的人。

　　每个人都在追求幸福生活，每个人对幸福都有不同的理解，但有一点是共通的：幸福来自心灵的满足。心灵没有贫富也没有地位的差距，万顷良田和一缕清风有时带来的是同样的满足。普通人不必羡慕大富大贵的生活，不要让物质迷住双眼，小富即安没什么不好，幸福就是每个人都尽自己的努力，把日子过得有滋有味。

别感染浮躁的时代病

　　美丽的王琳到了适婚年龄，身边也有众多追求者，却不见她有什么动静。只有她的闺密知道，王琳眼光很高，她不愿和别人一样与普通人结婚，紧巴巴地贷款买房，用十几年的辛苦工作还债，她想凭自己的条件嫁一个"富二代"，保证自己今后活得舒服。

　　很快王琳就认识了这样一个男人，他穿名牌西服，看上去很有风度，每次来接王琳，不是开奥迪，就是开宝马。王琳以为她遇到了真命天子，很快就陷入了男人的情网。没想到半年后，男人就甩了她。

　　后来王琳才知道，这个男人只是某个公司的中层职员，靠着贷款借外债买了两辆名车和几套西装，专门骗王琳这样的女人。知道真相的王琳无可奈何，谁让自己虚荣，一定要钓个金龟婿，没想到自己先成了上钩的鱼。

到了适婚年龄的王琳想要嫁给一个有房有车的男人，保证自己下半辈子不会奔波劳苦，这种想法并不算错，错就错在王琳过分追求"有钱"，忽略了追求者的人品。她被奥迪和宝马迷住了双眼，根本想不到男朋友只是个劫色的骗子。备受打击的王琳是该责怪男人的卑劣，还是该检讨她自己太过浮躁，把金钱作为婚姻的唯一标准，轻而易举地被人骗到？

金钱和婚姻是适婚男女的永恒话题，婚姻不是空中楼阁，需要坚实的物质基础，想要组成一个家庭，难免会谈到金钱，多数人都会把对象的工作能力、经济条件作为一个重要标准加以考虑。但有些人显然对这个标准考虑太多，将婚姻变成了赤裸裸的交易，这样以金钱为条件的婚姻又有什么爱情可言，又能换来多少幸福？人们对待婚姻所表现的浅薄和势利，恰恰说明了这个时代的浮躁。想要一口气吃成胖子的人大有人在，多少人想要一夜暴富，梦想成名、梦想拥有奢侈的生活，为此他们不惜一切代价追求金钱，追求名牌，而不是实实在在地做一些力所能及的事。浮躁的结果就是没有定力，轻易地被诱饵套牢，成了别人的食物。

一个男人迷彩票已经迷了三年，他和许多"票友"每天最大的爱好就是钻研彩票走势，每周，他都要花上几百元买各种彩票。靠着他不懈的"努力"，他中过很多次小奖，还中过一次一万元大奖，但这些奖金加起来还不及他的投入的十分之一。

在澳门赌场，每天聚集了来自全世界各地的赌徒，有的是富翁，更多的是幻想一夜暴富的普通人，他们拿着所有积蓄来赌博，得到的往往是倾家荡产的结局。而赌场之所以存在，就是因为人们总是幻想不劳而获、一夜发财。

迷恋彩票和赌博的人都有一个共同特点，他们希望以最小的成本换来最大的暴利，他们不是不知道一分耕耘一分收获，但他们更愿意相信有运气的人会捡到天上掉下来的馅饼。他们不能抗拒高额财富的诱惑，一次又一次支付自己的筹码，直到输得一干二净还不能悔过，认为自己只是差了运气，而不是做错了事。

幻想一夜发财，是另一种浮躁形式，不止在我们的时代，它存在于每个时代。现实工作很辛苦，人们兢兢业业地付出，换来的只是满足温饱的金钱，这个时候，意外之财就成了一种诱惑。有时额外得到的财富能够给自己和家庭带来欢乐，但是过分追求这种"额外"，耽误了自己的事业，掏空了自己的成本，干扰了自己的生活，就是得不偿失。

浮躁让人变得肤浅，让人们相信不劳而获。浮躁也是一种时代病，社会上上下下都有传播渠道，想要防治需要有一颗清醒的心。为什么人们很难克服内心的浮躁？根源在于人性的懒惰。好逸恶劳、追求享受是有些人骨子里的东西，谁不想轻轻松松生活？但生活没有想象得那么简单，天上不会掉馅饼，没有那么多不要钱的午餐提供给你。

要清楚地认识到，浮躁的人追求的是一些不切实际的名气和财富，他不能踏踏实实地钻研一件事，每天只想着如何投机取巧，这样的人一时之间可能会发财，可能会出名，但是，没有实力的人就像一个靠作弊进入名牌大学的学生，他要面临的是挂科，是推迟毕业，甚至是学分不够退学。而成功就像盖房子，需要坚实的地基，浮躁的人能得到的，只有幻想中的空中楼阁，我们无法要求他人，但是可以检讨自我，不要感染浮躁的时代病，要随时保持内心的清醒、为人的原则。

放弃小利才能成就大事

英国曾经发生过一起离奇的上诉案，一个女人因为男友迷恋足球，把著名的足球生产厂商告上了法庭。这件事在当时引起了巨大轰动。

事情是这样的，英国有很多著名球队、很多著名球星，也有众多疯狂的球迷，足球流氓也比比皆是，这个女人的男友就整天捧着电视看直播，喜爱的球队输球，还会骂女友出气。女友忍无可忍，决定状告足球生产商。人们都把这件事当成一个笑话。

起初，英国人以为这个女人疯了，没想到更疯的还在后面。那家足球生产厂商高度重视这件事，他们煞有介事地请律师辩护，又在法庭上输了官司，然后，郑重地向那个女人赔礼道歉，还付给她一笔精神损失费。人们以为这家厂商疯了，后来才发现，这家厂商借着这个机会打了一个免费广告，让全英国的人都知道了他们的牌子。当人们提到足球，第一时间想到的总是"那个输了官司的牌子"，这家厂商用一笔看似荒唐的赔偿金，赚回了巨大的利润。

一个英国女人对男友迷恋足球的行为忍无可忍，竟然把足球生厂商告上法庭。没想到那家足球生厂商不但接受了"被告人"的身份，还打输官司。这件事成为英国人茶余饭后的笑谈。靠着这条新闻，那家足球生厂商做了一次全英国范围内的免费广告。那家足球生厂商的负责人有高超的智商，别人看的是笑话，他看的是机会；别人认为赔钱是傻瓜，他认为赔钱就是在付一笔低廉到家的广告费。

能够以小利益换来大收益的人毕竟是少数，很多时候，我们需要面对"鱼和熊掌不可兼得"的情况，左边是利益，右边也是利益，放弃哪边都舍不得。权衡利弊的关键在于，哪方能给自己带来最大的好处，喜欢吃鱼就拿鱼，想要品尝熊掌就拿熊掌，只要不贪心，每个人都能吃到美味佳肴。而且，如果你拿到的是鱼，将鱼分给有熊掌的人，你也可以得到享用熊掌的机会，这就是以放弃来换获取。

善于让小利的人往往能发大财。做生意，十分利润只赚六分，另外四分留给别人，这样一来，别人有了机会自然会想到这些商人。在这个共享的时代，总是想吃免费餐的人固然能占到一些便宜，但如果总是一毛不拔，很多机会就会离他远去。你为别人考虑一些，别人就会回报一些，现代人在"得"的同时，一定要思考一下如何"舍"。

都说办公室政治让人头疼，同事关系不好相处，方小姐好像从来没有遇到这个问题。

这个月，方小姐升为部门主任，同事们真心诚意地向她祝贺，因为大家都知道方小姐为人实在，更难得的是不贪功也不贪财。这次公司的企划，方小姐独自提出企划案，负责整个流程，埋起头来一干就是几个月。取得成绩后，公司给她发下一大笔奖金，方小姐说："这个企划能够成功，都是大家共同努力的结果，这笔钱应该均分给所有参与者。"那些得到额外奖金的人，个个对方小姐称赞不已。

当公司想要提拔方小姐，方小姐又说："这个企划能成功，多亏我的上司×经理一直督促我点拨我，我怎么能独占功劳呢？"听得×经理心花怒放，没过多久，在×经理的游说下，方小姐就由一个业务员破格升为主任。此后有什么好的业务，他第一个想到的总是方小姐。

想要在办公室受到欢迎绝非易事，方小姐却能够成为上司喜欢、同事称赞的职员。方小姐知道如何将利益适当地分给别人，让别人明白和她合作的好处、与她相处的益处，这样的人自然到处都受欢迎。对于方小姐来说，有钱大家赚，有功劳大家分，非但没有让她有什么损失，反倒加快了她的升职步伐，给她的职业生涯带来了更多便利。

获得小利与获得大利的人不同，计较小利的人往往给人小气的印象，触犯他们一点微不足道的利益，他们就会气得跳脚；而那些获得大利的人，常常让人觉得大方，即使他们本人很节俭，也不会亏待和自己共事的人，因为他们的眼光更长远，知道用什么方法才能稳住自己的资源。盯着小利的人就像一个守着一块地的农民，不允许任何人从他地里捡走一粒麦子；而获得大利的人有几万亩良田要管理，自然不会为一粒麦子动怒，这就是心性的差别。

一只猴子羡慕人类的智慧和生活，请求神仙将它变成人类，让它享受人类世界的快乐。

上帝说："这件事好办，我让天使把你的毛拔掉，你就能变成一个人。"

天使拔了猴子的一根毛，猴子疼得大叫；天使拔掉第二根，猴子痛得跳了起来，再也不让天使拔毛。天使无奈地说："你想变成人，这么大的事，怎么连一根毛都舍不得？"

像这只猴子一样，即使明白一时的失去可以换来丰厚的利润，但很多人依然无法忍受失去带来的疼痛。与其说他们目光短浅，不如说他们胆小。他们既害怕阵痛，更害怕的是付出之后没有任何收获，还可能赔个一干二净。由此看来，那些成功者有成就，绝不是仅仅因为他们敢于放弃，明辨得失不只是一种智慧，更是一种气魄；而那些不敢冒险的人，总是认为他们在花大钱做傻事。

如果我们从功利角度重新看待这个问题，放弃小利并不是一种犯傻的行为，放弃就是争取，放弃就是给别人以利润，只有让别人尝到甜头，你才会有更多的机会。从事业角度来看，一个慷慨的人能为别人提供机会、资金等多方面的帮助，那些受过他恩惠的人，对他敬重有加，知恩图报。从生活角度来看，做一个大方的人，比做一个斤斤计较的人更舒坦、更自在，能够给别人提供一份便利，也在别人心目中树立了良好的形象，建立了好的人缘。别再盯着琐碎的利益，人生应该追求大气，追求开阔。放弃那些蝇头小利，才能成就大事，成就大我。

9 和负面理想断、舍、离

人们常常嘲笑那些不切实际的人"心比天高，命比纸薄"，一个人有远大的理想并不是错，关键在于他是否为实现这个理想付出足够多的努力。

切断空念，抛离肤浅，舍弃不切实际的幻想，我们没有飞上天空的翅膀，只能脚踏实地，一步一步走到想去的地方。

没有人能拥有全世界的好运

一个善人即将投胎，阎王对他说："你生前做了很多好事，现在特地恩准你可以选择投胎的家庭、身份，你有什么要求？"

"我希望自己能投胎在一个富甲一方的大家庭，作为那个家庭的继承人。"

"没问题。"

"我希望自己有出色的样貌，能考中状元，既能当宰相又能当武将，立下不世功勋，一辈子有数不完的财富，有一个绝代佳人做妻子，高寿而终，子孙满堂……"

"停！"阎王说，"世上要有这样的好事，我马上去投胎，阎王让给你做！"

阎王爷让一位善人转世投胎，善人开始幻想自己来生的地位：他要有相貌、才学、能力、财富，还要有娇妻、前程、好的子孙……简言之，他想把世界上一切好事集中到自己身上。这种不切实际的要求让阎王爷无可奈何，世界上哪有这么好命的人？一个人想要好运气不奇怪，但想要得到所有的好运，纯属做梦。

　　每个人都做过白日梦，幻想自己是比尔·盖茨，富可敌国；幻想自己是费雯丽，绝代风华；幻想自己是李白，文采精华……他们对自己的现状不满，认为有些人生来就有好运，有些人一直都在倒霉。但比尔·盖茨终日都在忙碌，费雯丽的感情生活充满不幸，李白一辈子也没实现他的抱负。在这个世界上，没有人能得到所有的好运，一个人在一方面看似圆满，在另一方面必然会有所残缺。所以，成熟的人会在很小的年龄放弃白日梦，他们会给自己定下切实的目标，开始计划，开始拼搏，他们相信想要有好运只能靠自己。

　　因为有梦，每个人都期望好运降临在自己头上，期望能够有好的机会让自己出人头地。不过，如果有一个机构掌管世界上的好运，它一定会为如何分配大伤脑筋。为了确保公正，这个机构恐怕只能置身事外，不会给梦想中的人们太多的帮助，决定前途的依然是我们自己。

　　中国有很多电影学校，北影是其中最有名的一所。那里有很多学生大学还没毕业，就已经有了自己的名气。对于他们来说，最重要的就是趁年轻得到演出的机会，让观众能够记住他们的名字。他们中的有些人甚至觉得在学校会浪费时间，所以经常参加各种试镜，与导演、制片接触，想要得到角色。有一次，一位老师在讲课时突然看着一个不停发短消息的女学生，又看着座位上其他学生——这些人大多是靓男美女，青春而朝气。

　　老师若有所思地说："我以前也是演员，了解想要得到机会的迫切心情，但一个有雄心的演员不会甘心做一个花瓶，靠一张脸得到名誉。

208

不要天天想着走红地毯，先把眼前的功课学好。想要做一个优秀的演员，就要从现在打磨自己的演技，确保抓住今后每一个机会。"

面对在大学阶段就着急出名的学生，老师的话语重心长。的确，电影学院的学生很容易受人瞩目，很容易得到出名的机会，但如果急功近利，不注意实力的培养，靠脸蛋积聚的名气能让自己走多久？拥有一时的好运，不如先积攒一世的实力。

想起张爱玲说过："出名要趁早，来得太晚的话，快乐也不那么痛快。"我们很能理解那些急于走红的学生，但人们把这句话当名言的同时，经常忘记张爱玲年纪轻轻就已拥有丰富的生活经验，又有天生的才能、敏锐的艺术触觉，长期以来对自己有意识的锻炼，这些东西加起来，让她不比当时的任何一个作家逊色，她才敢于这么说。没有实力的人只能复述她的话，无法复制她的成功。

没有人能拥有全世界的好运，即使你是个幸运者，你比别人先走一步，你拥有很好的条件，但要相信这好运并不会长久伴随着你，你也一样会经历挫败、失落、不幸的意外甚至惨痛的绝望。那个时候，你拿什么来应对突如其来的打击？世界上有许多好运，属于你的，终究会是你的；不属于你的，也不必眼红，不要让自己的心灵高高地飘在天上，追求空气一样虚浮的东西，即使机会不来也不必认为自己不幸，你的实力已经证明了你的价值与优秀。要记住最实在的始终是脚下的路，最值得依靠的始终是自己的双手和双脚，只有它们才能带你去要去的地方。

找准位置，在适合的舞台做主角

有这样一张漫画，有一扇窄窄的门，门上写着"成功"二字，一个胖子努力地想要进去，但以他的体型根本无法进入那扇窄门。

他不知道，在离他不远的地方，有另外一扇写着"成功"的大门，那扇门又高又宽，胖子能够很顺利地通过。可这个胖子太过留意第一扇门，根本没法发现还有另外一扇门就在几米之外。每一个失败者都像这个胖子，不是能力不够，而是没有找到合适自己的门。

简单的漫画常常给我们很多启示，一些深刻的道理通过一幅画面，让我们在大笑之余一目了然。就像这张关于成功的漫画，一个胖子想要挤进成功的门，但那扇门太窄，根本容不下胖子出入。就算胖子用尽办法，这扇门始终与他无缘。他却没想到就在几步外的地方，还有另一扇通往成功的门，这扇门不高不矮，不宽不窄，为他量身定做，但他眼中只有自己认定的"成功"，没有发现他究竟错过了什么。

每个人都有一扇属于自己的门，但世界上有这么多扇门，我们难免头晕眼花，盯着那些光亮的、华贵的、雄伟的门，在门前不断徘徊，试图进入。其实，门后是同样让人欣喜的世界，甚至是同一个世界，为什么在意从哪扇门走进去？也许你能够打开的门看上去很矮小、很简陋，但它们没有那么高的门槛，让你很轻易地迈过去，进入属于你的领域。为什么一定要把目光集中在那些让人眩惑的门上，而不去寻找自己的门？

古代有个诗人升了官，为了显示自己的气派，想要修缮一下自己的房子，他派人请了一个工匠。令诗人惊讶的是，这工匠简直是个饭桶，不会刷墙，不会木工，不会铺瓦。诗人愤慨地说："你这么个技术怎么当工匠？"工匠自信满满地说："您还真别生气，我虽然不擅长这些活计，但您哪天要是想盖新房子，找我！包您满意！"诗人哪里肯相信工匠的话，气愤地将他打发走。

有一天诗人去衙门办公，路边有一户人家在盖新房，指挥工人的赫然就是那个饭桶工匠，只见他拿着一个绘有设计图的卷轴，井井有条地给工人分配任务，盖了一半的房子看上去豪华气派，又有很多匠心独运之处，看得诗人叹为观止。

有时候我们经常感叹一些人做着自己不适合的事，比如，李煜和陈叔宝应该做诗人，却很不幸地生在帝王之家，在诗词歌赋上的才华并不能让国家太平，最后他们成了亡国之君。更多的时候，我们没有发现身边有很多人都在做不适合自己的事，也许也包括我们自己。如果觉得不得志，就应该仔细发掘一下自己的优势。世界上没有废物，只有被放错位置的人。

每个人都有自己擅长的事，只有做这些事，才能发挥出他的全部价值。做不适合的事，最多多一个还算优秀的普通人。人们常常羡慕身边的那些能人：某人的英语比美国人说得还标准；某人的钢琴拿到过国家大奖；某人的厨艺可以媲美五星级饭店的大厨……用自己的缺点比他人的优点是一件痛苦的事，无论如何比，都和别人差一截。有时候不妨换个角度，拿自己的优点比一下他人的缺点，就会发现人无完人，但每个人都有优势。如果还没找到这个优势，那就要动点脑筋，也许你最适合做的事就在眼前，只是你没有正确分析、及时发现。

徐清是市一中的英语教师，从教三年，他扎实深厚的基本功给学生留下了深刻的印象，但是不佳的口语限制了徐清的发展。学生们经常说："徐老师的口语如果再好一些，就是最完美的英语老师。"

徐清也在为这件事忧虑，连续三年，他的教学成绩虽然很优秀，但因为口语差，比不上同级的几个英语老师，他想要得到的职称总是和他擦肩而过，就连他的工资也没有多大起色。他也想要改善自己的口语，可他已经错过了学习语言的最佳年龄，补起口语格外吃力。

一天，妻子对他说，既然基础好，笔头功夫也好，不如试试做翻译。徐清起初没把妻子的话当一回事，只偶尔翻译一些海外小短文投给《译文》杂志，没想到这些文章受到了编辑的称赞。徐清突然看到了自己的前程所在，他用课余时间翻译了一本小说投给出版社，出版社惊叹于他的翻译水平，邀请他参与一套英文丛书的编译工作。经过慎重考虑，徐清辞去了教师工作，他知道，翻译才是最适合他的道路。

徐清是一名不错的英语教师，他的英文功底让学生佩服，却也让学生觉得不全面：徐清的口语不好，影响了他的课堂效果。后来徐清开始尝试翻译，发现这才是他能够一展特长的领域。他辞掉不合适的工作，准备专心致志地从事翻译工作，做出一番事业。

一位芭蕾舞演员在幕布后羡慕地看着那个扮演白天鹅的主角，而她只是一个小角色，是众多天鹅中的一只，只有不到一分钟的出场机会。人生就是舞台，想做主角的人很多，但主角只有一个，其他人只能羡慕。但人生并不是一台舞剧，生活中有大大小小的舞台，总有一个舞台是你的专长，让你在其中自得其乐。对家庭主妇来说，相夫教子就是她的舞台；对体育教练来说，培养世界冠军就是他的舞台；对教师来说，教出高考状元就是他的舞台……只要努力有了回报，有了价值，又何必在乎台前的人不是自己？

成功的人都擅长定位自己，他们明确地知道自己究竟该走哪条路。进入 21 世纪后，考入大学的人越来越多，但也有越来越多的人更早开始经营自己的人生，他们或出国，或学技术，或经商……当他们确定自己不适合读大学，就用更多的时间去做适合的事。这需要勇气和魄力，但也意味着他们比别人多走了四年。所有成功者都明白，生命只有一次，成功的机会不多，把自己放错位置会浪费有限的时间。他们早早地找到自己的舞台，为成为主角奋斗。

成功之前，每个人都要忍受寂寞

珍妮的大学入学考试失败了。

珍妮是一名对化学特别感兴趣的学生，受父母的影响，珍妮从小就会待在家里拿试管做实验。上学后，她对化学的兴趣有增无减，看到物质在试管里呈现出各种各样的反应是她最大的乐趣。

在高中，珍妮的成绩一直是第一名，她自信能够考入全国最好的理工科大学的。可是，人外有人，来自全国各地的尖子生都想进入这个学校。珍妮通过初试，在复试时落榜。多年的努力却得到失败的结果，珍妮承受不了这个打击，在家里哭了好几天。出差回来的爸爸拍着她的肩膀说："这算什么，每个人都有失败的时候，忍得住的人才能继续走。爸爸当年考上的是全国有名的差学校，现在不还是成了专家？"

听了爸爸的话，珍妮这才想起父亲是在一个名不见经传的学校读完大学的，现在，却是全国有名的教授。珍妮很快振作起来，她决定去别的大学进行深造。

心想事成是每个人的梦想，珍妮的梦想却在现实面前破灭。她从小到大不断努力，却没有考上自己心目中的大学。在父亲的劝导下，她开始接受现实：有多少成功就有多少失败，"心想"与"事成"之间隔着遥远的距离，不能一步跨过。不要被眼前的石头绊住脚，一条路不通，就绕到另一条路继续走，同样能到达自己的目的地。

我们经常看到大学生们毕业后找到了工作，想尽快赚钱孝敬父母，想尽快有钱买车买房，而他们的父母则劝这些孩子说："急什么，先踏踏实实干几年，把自己的生活过好再想这些。"父母是有经验的人，知道心态浮躁的人不能成事，甚至不能专心干好一件工作。初入社会是人生的积累期，这个时候需要一步一个脚印地打下坚实基础，而不是整天做梦，想着赚大钱。他们看过太多嫌弃公司太差、工资太低，整天想着跳槽的年轻人。这些人不能老老实实做出业绩，就算有了好的机会，又拿什么去与他人竞争？

小周刚刚进入公司的人事部，就有一场大型招聘需要参加。他跟着经验丰富的经理学了不少看人经验。他发现经理挑人的眼光和常人不一样，比如销售员，经理不挑那些朝气蓬勃又年轻貌美的女大学毕业生，反倒喜欢挑那些看着朴实、有一定工作经验的男人。

小周一向认为客户喜欢精明干练的美女推销员，实在想不通经理为何找来一群看上去普普通通的男人。他向经理询问其中的原因，经理说："只有那些吃过苦、有养家压力的人，才肯真正踏实地珍惜一份工作，为公司谋划，而且性格稳定，不容易跳槽。"小周恍然大悟地说："原来'吃过苦'也是优点！我以前怎么没想到！"

"你就是吃的苦太少，哪里知道这些，以后多多学着点！"经理说。

有压力才有动力，经过失去才能更懂珍惜。人们对待工作的态度往往和过往的经历有关。一个人只有知道生存不易，有实际压力，才能真正踏实地为公司干活，为自己积累资本。招聘经理把这种能力称为"吃过苦"。吃过苦的人舍弃了好高骛远，更忠诚，也更明白自己应该做什么。他们比别人有更强烈的"不想再吃苦"的愿望，自然更卖力，更要强。

在美国，哈佛大学、哥伦比亚大学、麻省理工学院等这些名校每年都要收到大量入学申请书，学校会派专人负责招生。这些人会详细考察学生的成绩、品行，对那些家境贫寒的人会给予更多照顾。这并不是因为家境不好的孩子更需要学习机会，而是因为他们在艰苦的环境中早已磨砺出坚韧的品行，比其他学生更能吃苦。而任何一种学问都需要那些敢于吃苦的人，否则学术水平如何提高，社会如何进步？

成功是一条漫长的道路，想要成功，首先要相信天上不会掉下一双翅膀供你飞来飞去，你必须依靠自己的双脚。很多时候，你要一个人走山路、走水路，有时脚板上磨满大泡，没人安慰你，也没人给你医治，你只能靠自己的力量忍受寂寞和疼痛。在成功之前，每个人都要先吃苦，这就是生命的滋味。当你突破重重困难，终于看到了梦想中的美景，才会知道所有痛苦都值得，苦尽甘来正是圆满的人生。

低头在先，出头在后

一个青年去拜访一位成功大师，他是一位有才华的编剧，但他写了几十个剧本，都没有人赏识，有时刚刚得到机会，又被有后台的人挤下去。他认为自己怀才不遇，被大环境埋没，考虑是不是必须要改走其他的路。

成功大师问："你小时候种过花吗？"

青年说："我出生在乡下，小时候经常陪父亲种花。"

"一朵花想要发芽，首先要做什么？"

"您的问题真奇怪，当然是把种子埋进土里，这是所有人都知道的事。"

成功大师微笑着看着青年说："但你却不知道，你现在就是种子，总要经过埋在土里的过程，才能开花。哪一个人在大放光彩之前，不先被埋没呢？"

每个人面对环境的不如意，都有自己的理解，也有自己的疑问。一个年轻编剧有才华、够刻苦，并不想怨天尤人，但面对无数次的失败，他终于动了转行的念头。成功大师听了他的苦恼，只给他讲了一个简单的道理：一颗种子想要开花，先要把自己埋进土里。植物的生长就是如此，根扎得越深，就越不容易被风雨吹倒，才能开出不易凋零的花朵。

埋没是一个令人惋惜的词语，每当我们说到一个人才被埋没，都会痛心不已。如果那个人才就是自己，更会让我们怀疑人生的意义。一块黄金埋在地底，无人会知道它的价值；一颗珍珠扔进海里，无人惊叹它的光华；一个美人居住在无人的空谷，无人爱怜她的美丽……当一个胸怀大志的人被现实打压，不能施展拳脚、发挥所长，只能借酒消愁时，他认为自己被这个世界遗忘，生命再也没有值得奋斗的方向。

也许我们都该看一看蝴蝶的成长过程，当蝴蝶还是一只幼虫，它丑陋而笨拙。直到有一天，它把自己包在重重的茧里，任由茧挤压自己，让自己窒息。它拼命挣扎、用力，终于有一天，它发现自己背上有一双有力的翅膀。这翅膀划开了厚茧，然后它冲了出去，发现眼前不再是低矮的草丛，而是湛蓝的天空。它变成了一只美丽的蝴蝶，呼吸着更新鲜的空气，能够飞到任何想去的地方。这时，它绕着自己的茧飞了好几圈，这茧给它带来莫大的痛苦，却也实现了它的蜕变。由此可见，埋没就是成长。

业务部新来了一个三十几岁的销售员，职员们听说这个人以前并不从事这个行业，也没有什么特别的学历，而业务部销售员的年龄大多在三十以下，年轻人们合作起来愉快又方便。他们不明白为什么经理要招这样一个人进来呢。

朱先生就在这样的议论中，开始了他的工作。刚进公司的时候，他

218

什么都不懂，职位又低，经常被年纪小他十岁的人呼来喝去。可是，他的脸上却总是带着笑容，他按时完成这些年轻人额外指派给他的工作，还经常向年轻人们讨教销售经验。销售员们最初讨厌他，后来发现朱先生人勤快，又没有架子，什么事都问得勤做得快，自然也就接纳了他。

很快他们发现，朱先生是个有潜质的销售员，他那张老实又有岁数的脸看着就可靠。厂商和朱先生年纪差不多，都喜欢和朱先生谈生意，他的单子签得又快又好。不过一年的时间，朱先生就成了销售员们的上级，但他依然保持谦虚和蔼，对年轻人的态度还和以前一样。

朱先生到了三十几岁，突然认为自己适合当一个销售员。他大胆转行，进入一家公司后，他知道自己的差距，从不因为自己的年龄摆架子。而且，朱先生知道吃苦的重要，他为人勤快，很快得到了同事、客户、上级的一致认同。这也许是为人处世的策略，也许是他谦虚温和的性格使然，但不能否认，朱先生以低姿态取得了人生的制高点。

杜甫说："会当凌绝顶，一览众山小。"这不仅是在感叹山顶的风光，也是多数人的人生态度。人往高处走，每个人都渴望地位，渴望活在一定的高度。成功就像登山，想要征服一个高度，首先要低下头寻觅上山的路，有耐心、有决心克服路上的困难，还要有不言败的决心，一次失败，还愿意尝试下一次。何况当你站在一座山峰上，想要去另一座高峰，你还是要下山，从低处重新攀登，任何时候，想要得到"高"，必须先接受"低"。

懂得低头的人往往更有思想，懂得运用低姿态的人常常畅通无阻。

一片麦田里，昂着头的都是空心的稗子，饱满的麦穗谦卑地朝着大地。想要出人头地，不要在乎你现在的高度，像一颗种子一样首先钻进土中，让泥土淹没你，让环境磨炼你，让你的心在百转千回中懂得坚强，在无数次困难中学会勇敢。终有一天你能够冲破土壤，接受阳光雨露，开出灿烂花朵。

有自知之明的人难能可贵

据说在每一场运动会之后，各国教练都会叫所有队员进办公室开会，一遍一遍放比赛录像，分析每位选手在比赛时的失误动作，并要求这些队员限期内克服这些缺点。世界上没有完美无缺的人，有自知之明的人最重要的不是知道自己拥有什么，而是发觉自己究竟欠缺什么。每个人都有属于自己的优点和财富，一味盯着这些东西，就会踟蹰不前，只有知道自己缺少什么，才能想办法弥补。我们也许不能使自己十全十美，却可以尽量避免第二次失误的出现，这就是一种进步和成熟。

一家大公司正在招聘新职员，看着来应聘的几百个人，经理问他们："你希望得到什么职位？你认为自己能做到什么程度？"

想来大家都听过拿破仑的名言："不想当将军的士兵不是好士兵。"

应聘者们以为这是公司在考察他们是否有足够的志气，他们不客气地说出自己的雄心壮志。这些应聘者大多想坐到经理位置，最低也要做一个主任。经理看着他们的简历上大多写着大学应届毕业，不禁苦笑。

这时，一个应聘者老实地说："我想做贵公司的销售员，我认为自己能够做好这项工作。"经理立刻说："你被聘用了，我已经面试了上百个经理和主任，终于等到了一个销售员！"

一家公司举行招聘会，面试的人都想当经理，可他们只是普通的大学毕业生。一个连销售经验都没有的大学生，想要靠书本上的呆头理论直接当上经理或者主任，这个事实让公司经理感慨。当今社会有很多缺少自知之明的人，他们注定要为自己的不切实际多吃苦头。想当将军不是错，但不当个优秀的小兵，如何能做将军？

在现代社会，自知很重要，一个人要知道自己究竟有多少力量。有个成语叫"螳臂当车"，说的是古代一位国王驾车出游，一只螳螂突然来到车前，挥动着锐利的手臂，像是要迎战疾驰的马车。尽管它很勇敢，但马车轻而易举将它碾成碎片。一个人对自己的能力没有正确认识，一味追求过高目标，结果只能是浪费时间、浪费气力。

自知，还要知道自己适合做什么。我国文豪鲁迅先生在遗言里曾嘱咐自己的后代："如果没有文学细胞，就找点小活计过活，不要当空头文学家。"以鲁迅先生的智慧，他知道人一旦从事不适合自己的事，既是一种折磨，也无益于自身发展。

自知，还要知道在一定的时间，自己必须做什么。毕业的时候，一个学生问导师："您觉得我现在应该读点什么书充实我自己?"导师说："你现在需要的不是读书,而是读招聘广告。"一个人应该明白在他的每个成长阶段,他的首要任务是什么。学生阶段要学习,进入社会要工作,只有把每个阶段最主要的事情做好,才能有更雄厚的资本发展自己的梦想。

自知之明并不是妄自菲薄,也许相对于我们的目标,我们的能力还很微小,我们的路仍然漫长,但不代表我们与自己的梦想绝缘。因为通过努力,我们能够由小到大,由弱变强,一步步缩小理想与现实的差距。一个人能够认清自己,却不放弃梦想,而是为梦想而改变、努力,这样的自知之明最为珍贵。

没有做不好的事,只有不够坚持的人

中国台湾地区著名歌手邓丽君早年在日本发展,她曾讲过一段难忘的经历。

那时候,日本公司在台湾地区挖掘了很多有潜力的女歌手,有些女歌手很有名气,她们都认为到了唱片市场更为成熟的日本,一定会有更好的发展。没想到去了那家公司后,公司为她们安排培训,日本的音乐教师认为这些台湾地区女歌手的声音和技巧早已过时，她们必须重新学习。多数女歌手早已形成了自己的风格，她们不满公司的决定，认为公司不符合她们的要求。只有邓丽君一个人决定按照公司安排，一切重新开始。

事实证明，比起那些对学习没有热情的歌手，邓丽君凭借苦练，得到了公司上下的一致瞩目，很快便在日本崛起，红遍亚洲。她的声音至今让我们陶醉。

在五光十色的演艺圈，"走红"是每一个歌手、演员、导演、制片的梦想，有机会进入圈子、受到一定重视的人，或多或少都有自己的光彩。但有些人能够让自己大放异彩，成为让人惊艳的明星，有人却很快失去了光华，成了被遗弃的沙粒。同样的梦想，同样的起点，为什么结果会如此不同？邓丽君的经历告诉我们，理想面前，没有任何借口，谁也不能说自己做不好，不愿意做，想要达到目标，只有坚持、再坚持。

当人们不想做某件事的时候，最容易找到的理由就是"我做不好"；当人们发现一件事很困难，不想继续坚持时，最容易想到的借口依然是"我做不好"。很多人会为未来定下宏图大计，但他们往往在第一步就败下阵来，对别人说："我做不好。"而另外一些人，当他们确定了自己的目标，就会一直说"我试试"、"我再试试"。遇到困难，一个往后缩，一个往前走，究竟哪种人能够到达目的地，答案不言自明。

一个人能力有限，很多事我们做不好，但事关理想，"做不好"就成了一种托词，必须认清这个现实：想要实现理想，就要"做好"，有困难就克服，有问题就解决，不然等待你的只有"放弃"——也许是理想放弃你，也许是你扔下理想。前进道路上总会出现各种各样的诱惑，让你对前途产生怀疑，动摇最初的决定，这时候，能否坚持下去就成了成功的关键。

中秋节，一个单位正在举行一次朗读比赛，每一位参赛者只要能一字不错地读完指定的文章，就能得到300元的奖金。大家认为这是一件简单的事，全都上场朗读。

读到一半的时候，突然有人说："谁停止朗读，就可以获得500元钱！"一大半的人被这个声音吸引，放下了手中的演讲稿，还有一些人听到这句话打岔，不小心读错了字。只有一个年轻人自始至终没有改变朗读的语速，将整篇稿子一字不错地读完。

这时，老板站起身来对大家说："能够专心致志做完一件事并不容易，既需要认真和耐心，也需要抗拒各种诱惑。现在大家每个人都可以拿500元作为中秋节奖金。至于唯一一个获奖者，我将奖励他1500元，希望今后他能发扬这种精神！"

公司的老板为了教育员工，举行了一次朗读比赛，中途他提高了奖金的金额，使员工们忘记了参加比赛的目的。只有一个人能够一心一意地读完文章，得到了最高额的1500元奖金。老板说，面对诱惑却能坚持到底的人，才是最优秀的人。

在人生的道路上，把一件事坚持到底并不容易。法国文学家巴尔扎克年轻时最崇拜拿破仑，他一直为拿破仑没能征服欧洲遗憾，他曾说：

"拿破仑用剑没有完成的事业，我会用笔来完成。"从他立志成为文学家那一刻，一条艰辛的道路在他眼前展开。他想要完成一部巨著，这部巨著包含很多篇小说，全面地展现法国社会的各个阶层、各种生活，为此，巴尔扎克通宵达旦地工作。他每天从深夜工作到中午，然后校对样稿，有时候他一天只能睡三四个小时。这部卷帙浩繁的大作叫做《人间喜剧》，其中《欧也妮·葛朗台》、《高老头》等都是我们耳熟能详的篇目。他坚持了二十多年，写出了九十多部小说，这就是成功者的魄力。

行百里路半九十。出发的时候，每个人都信心百倍，活力十足，遇到困难，很多人裹足不前；遇到诱惑，很多人改弦更张；仍在行走的人要克制自己的灰心，不断燃起希望安慰自己。对于有梦想的人，最可怕的不是目标过高，而是半途而废。人生有时像是一场迷雾中的赛跑，你的视线经常被遮蔽，看不到终点的所在，很多人就这样停在终点线前面。只有脚踏实地、能够坚持到底，对梦想永不放弃的人，才能成为真正的胜利者，享受真正的人生。

10 和负面习惯断、舍、离

　　我们生活、行动、思想的方方面面都遵循着某种习惯，这些习惯经年累月养成，成为我们性格的一部分，使我们滞后、保守，常常错过偶然中蕴藏的机遇。

　　切断借口，抛离懒散，舍弃盲从，与坏习惯告别，才能开创精彩的人生。

不要蹲在树桩旁等待兔子

87版《红楼梦》如今已是家喻户晓的经典电视剧，当年开拍之前，导演组为选拔林黛玉的演员伤透脑筋。究竟什么样的女孩能够诠释出林黛玉的柔弱与风骨，才情与气质？这个演员不但要美，还要有灵气，还要瘦，还要有才女气质……导演组不知面试了多少演员，就是没有中意的人选。这时，一个叫陈晓旭的女孩寄来一封自荐信。

在信中，陈晓旭表达了自己对《红楼梦》这本书、对林黛玉这个人物的喜爱，并称自己就是演林黛玉的不二人选，她还同时寄出了自己的诗作和近照。导演组一眼看中，让陈晓旭进京。正是由于这次自荐，中国荧幕上多了一个经典形象，至今无人能够超越。

87版《红楼梦》是人们记忆中永恒的经典，当年导演组历尽千辛万苦在全国各地选拔合适的演员，再将他们聚集起来进行集训，就是为了保证演员的素质和电视剧的质量。而《红楼梦》的灵魂、女主角林黛玉是这部剧的重中之重，他们以挑剔的目光审视所有女演员，全国人民也会以挑剔的目光审视将来的林黛玉。这个角色带来的不止是名气，还有更大的压力。

所有条件还算符合的演员都希望中选的人是自己。远在辽宁的陈晓旭以别出心裁的自荐方式吸引了导演的目光。她看准了机会，相信自己就是黛玉的最佳人选，她选择主动，用诗、用优美多情的语言打动了导演组，使自己成为饰演林黛玉的不二人选。

直至今日，我们在电视机前欣赏陈晓旭的表演，仍然会想当年如果她不是主动写信自荐，也许饰演林黛玉的就会是另一个人。即使她再适合林黛玉，如果导演组不能发现，或者只是潦草地看上一眼，也许她就会被埋没。陈晓旭的经历告诉我们，人不能任由自己被埋没，是金子就要在人前发光，千里马就要跑到所有马前面。没有人有义务发掘你，如果你认为自己是宝藏，就要主动发掘你自己，才能成为人生的赢家。

在人生道路上，我们发现陈晓旭这样的主动者为数不多，更多的人都像成语"守株待兔"中的那个主人公，守着一个叫做"机会"的树桩做梦，不知道时间和机遇正在身边飞速溜走。他们保持着一种"不作为"状态，等待着别人拉自己一把，给自己指一条道路，把决定权放在别人手上。他们自己没有主见，但谁又能替他们决定人生？路终归要自己走，机会还是要自己寻，想要追到兔子，需要的是网、捕猎的工具、飞快的腿，而不是一个树桩。

唐朝时，有位擅长使剑的著名侠客，据说他和人交手从不超过十招，百战百胜。

很多人慕名想要拜他为师，侠客一一拒绝，直到年老后才收了几个弟子，他教给弟子的第一课是这样，他问弟子："如果你的剑比别人短，你会怎么办？"

高手过招，胜负往往只在一寸，弟子们都说，如果双方实力相等，那么必输无疑。

"不对，你要抢先前进一步，当那个胜利者，剑术之道先敌一步，你们一定要牢记。"

百战百胜的剑客正在给弟子们传授常胜之道，他说只要把握先机，一柄匕首也可以战胜手持长剑的人，因为长剑想要使用需要一个"抽回——刺出"的过程，这个时间差就是决胜的机会。想要得到胜利，必须要先走敌人一步。世界上不存在必输无疑的比赛，只要运用自己的智慧，总能以渺茫的希望求得生机。

人生有时就像一场赛跑，比赛哨子吹响，想要获胜就要在第一秒起跑，任何拖沓都可能导致结果的不理想。我们经常在比赛中看到这样的场景：有些人已经摆好起跑姿势，就等裁判吹响哨子，有些人却还在舒活腿脚，有些人虽然摆好姿势，脑子里却在寻思今天能不能打破纪录。最后第一个冲过终点线的人，大多是那个全神贯注的人，而不是那些习惯拖沓愣神的参赛者。拖沓会绊住人的手脚，哪怕只有一分钟、一秒钟，胜利也会与你失之交臂。

和拖沓一样耽误事情的还有迟疑。有些人在思维上也存在一个个等兔子的树桩，当他们考虑一件事的时候，他们总是思前想后，不断问自己："这真是最好的方法吗？会不会有更好的机会？"甚至还要参考一下旁人的意见，试图作出最周全的计划。事实上，一个有远见的人早就做好了这些工作，不会等到时机出现才临时抱佛脚。他们知道人生的机遇总是稍纵即逝，一旦错过，就连眼前的利益都会失去。没有人等你，现实更不会迁就你，当你抱着树桩迟疑，失败正一步步向你逼近。

没有人天生果断，判断时机需要一双慧眼，要靠时间和经历慢慢磨炼。但一个迟疑拖沓的人终身与果断无缘，他们把瞻前顾后当做周全，他们追求的是安稳。而那些胸怀大志的人，总是盯着更高的目标、更好的机会，默默积蓄力量。时机一到，该出手时就出手，这就是为什么他们总能比别人捷足先登，品尝到胜利的滋味。

安于现状并不是知足常乐

茱蒂是父母的独生女，父母到了四十多岁才生下这个女儿，他们如获至宝，对茱蒂关爱备至。就连走路的时候，母亲也要小心地一遍一遍叮嘱："要看准脚下的路，要看准脚下的路！"茱蒂从小就养成了低头走路的习惯。

邻居们对茱蒂的母亲说，孩子总是低头走路，会看不到前面，也看不到上面。茱蒂的妈妈说："只要她不绊倒就是好事！"于是，茱蒂低着头走了一个月、两个月、一年、两年……她从不认为低头走路是一件坏事，即使周围总有人说，抬起头吧，你身边有美好的景色，她也依然为了自己不摔倒，小心低着头，看着路。

茱蒂的父母老来得女，难免对女儿过分溺爱，他们怕孩子摔倒，在他们看来，女儿的平安最重要，不抬头走路可能会影响孩子的仪态甚至心理，但他们更怕孩子不小心摔出个三长两短。这种小心翼翼的心理造成了他们只希望孩子低着头走最安全的路，茱蒂不敢冒险，也没有抬头看风景的意识。在她的思维中，低头走路是最好的，不绊倒就是一件好事。

太过禁锢自己的人，会失去了面对现实的勇气和能力。契科夫有一部著名小说叫《套中人》，主人公名叫别里科夫，是个循规蹈矩得过了头的人，他把"不要惹出什么乱子"当做口头禅，要求自己和所有人都要遵守规则，不能越雷池一步，发现身边的人有一丁点出格的举动，就要惶恐不安。他每天穿着套鞋和雨衣，他的家里像个不透风的棺材。他终日生活在恐惧中，就怕出现什么意外改变了他的现状。最后，别里科夫死在自己的家中。

现实生活中，我们总能看到一些安于现状的人，当别人指出他们的缺点和不足，他们会有理有据地反驳说自己的生活很好，他们就喜欢过现在的生活。在旁人眼里，他们胆小而拘谨，害怕做出任何一种改变。尽管他们安慰自己说"知足常乐"，但真正的知足并不是无所作为、原地踏步，而是在现实的基础上向上走一步，向前进一些。安于现状的人希望时间是静止的，永远保留住此刻的安宁，任何事情都不要变坏。一旦意外来临，他们不堪一击。

20世纪90年代初，马杰是一家工厂的车间主任，在下海浪潮的影响下，他辞去工作，准备做小本生意。当时有很多人不理解他的做法，好好的铁饭碗为什么要丢掉？马杰却很清醒地看到，工厂连年经营不善，机构臃肿，虽然现在工作清闲，又能拿死工资，但留在这有多大发展？不如趁现在另谋出路。

在同事们都在工厂摸牌混日子的时候，马杰辛苦地在外边摆小摊，后来又去广州批发服装。别人都说他瞎折腾，他也不解释。后来，随着政策的改变，工厂倒闭，所有工人下岗，没了出路，那时候的马杰已经成了小老板，吃穿不愁，有房有车。

做人要有远见。俗语说，"眼前无路想回头"，人如果走到"无路"的地步，就再也回不去，只能在走路的时候时时留意前方的状况，思考可能遇到的危险。这就要说到每个人都要有的"危机意识"，最简单的做法是什么事都要为将来考虑，要及时看清现状，不要因为现在的富有就忽略了将来的贫穷，不要因为现在的健康就无视可能出现的疾病。也许你不能帷幄千里，神机妙算，至少不要鼠目寸光，只盯着眼前，从不想未来。没有危机意识的人，总会在现实面前吃大亏。

即使现状很安稳，很幸福，也不要掉以轻心，因为"现状"只代表此刻，随时都有改变的可能，安于现状的人就像在低头走路，也许看到了脚边的石头，却不知道前方驶来一辆车。更可怕的是，当安于现状成为一种心态，生命的步伐就会停止，人们就会习惯碌碌无为，不思进取。要追求生命的长度，就不能让它停在一个点上，要看得更远，想得更多，做得更好。知足不是在原地打转，看到所有人走在自己前面，而在于前进的每一步都有收获。

今天的借口，预示明天的失败

一个老板正在批评他的员工："这一次的生意公司损失了 100 万元，你认为是谁的错误？"

员工说："这都怪供销商管理出现问题，竟然临时毁约，而且没能力按合同赔偿我们。"

老板说："供销商就算了，为什么没有预备第二个供销商，导致我们无法向海外交货？"

员工说："×经理并没有交代我要预备第二个供销商。我想他是老员工，做的事不会错。"

老板说："难道没有人告诉过你，出了事故需要承担责任吗？"

员工说："我尽到最大的努力，但不能承担所有责任，参加这件事的每一个人都有责任。"

老板说："这么说来，招你进公司的人事经理要负最大的责任，今天我就来纠正这个错误，你被解雇了，现在马上离开我的办公室！"

在老板看来，一个员工的失误在所难免，不能因为一笔生意就全盘否定一个人的能力。老板最不满的是员工的态度，他竟然把责任推给别人，没有一个良好的负责态度。一家公司不需要一个不负责任的人，连自己的责任都承担不了，如何负担起工作和整个公司？

　　面对失败的时候，有人踏踏实实地认错，检讨自己，想办法补救。有人习惯性地寻找借口，为的是掩饰自己的不足，弥补自己的面子，在别人面前找个台阶，让自己的形象不至太过难看。前者是做大事的人最常有的态度，后者虽然有死要面子的嫌疑，但也算人之常情，只要愿意负起责任，都还能从失败中站起来。

　　有的人更加可悲，他们压根不承认自己会失败，导致事情失败的原因并非他们失算，不是他们能力不够，而是合作者不够聪明、时机不够正确、资金不够充裕……他们把所有的责任推给他人、推给外界，看不到自己的问题，更不会检讨自己的作为。在他们看来，他们是正确的，没有出现正确的结果，那是别人错了，和他们无关。这样的人整日生活在借口中，自我感觉良好，实际能力偏低，他们是最不受欢迎的合作者，因为他们会在合作过程中指手画脚，出了问题就把自己撇得一干二净。在生活中，他们同样不受欢迎，因为他们缺少责任感和这样的人相处，随时都觉得疲劳。

　　一个刚刚进入补习班的新生对师姐抱怨说："老师布置的任务太重了，我是个英语基础几乎是零的学生，他竟然让我每天背100个单词，我就算不吃饭不睡觉也记不住这么多！"

　　学姐淡淡一笑说："这不奇怪，下一周他会要求你每天背150个，再下一周会增加到200个。每一个从他那里毕业的学生都是这么过来的。"

"可是我怎么可能有这种能力!"学生说。

"我也曾经对他说过同样的话,他说'你还没做就断定自己没能力,是在为自己的懒惰找借口'。"师姐说,"就是因为进入这个补习班的学生能够不吃饭不睡觉也要达到老师的要求,才能在短时间内全面提高英语成绩。你如果也想像别人一样高高兴兴走出这个补习班,就把你跟我抱怨的时间也拿去背单词。"

有时候我们对自己不够负责,因为舒服一点,就放松对自己的严格要求;不想吃苦,就降低努力的程度;不愿意没日没夜地辛苦,就开始得过且过……我们总能为自己找到冠冕堂皇的借口,不想做 A 事情,就说 B 更重要;觉得 C 太难,就说 D 更适合自己。做好一件事很难,找一个好理由却再容易不过。

在众多借口中,最有效的借口就是"这事不可能,我没有这种能力",简单的一句话断送了所有可能。他们并不清楚自己究竟有没有这样的能力,只是看到困难,习惯性地想要绕开,找一条轻松的道路。他们不愿为自己也不愿为他人承担责任,所以他们的生命始终缺乏重量,不能在更多人那里得到存在感。事实证明,努力比借口更重要。在找借口的人眼中,什么都不可能;在肯努力的人心中,没有什么不可能。

缺乏创意，只能沦为平庸

在北宋的时候，皇帝喜爱绘画，在全国挑选画师进朝廷做官。很多画师想要通过这个机会得到功名，千里迢迢去京城参加考试。

考试的题目并不难，按照规定作画一幅，意境高、画工好的人入选。题目只有一句诗："踏花归去马蹄香。"拿到题目，画师们挥舞画笔，拿出看家的本领应对这次考试。

当看到题目时，大多数人最先想到的都是一匹马、一个花园，多数考生画了一个人骑着一匹马在花丛中奔驰而过，有的人还会极尽工巧地画出骑马人陶醉的表情。考官们看得直摇头，试想一匹马踏过花丛，花朵被踩得七零八落，哪里还有美好的意境？这时，他们看到一幅画，这幅画也是画了一个人骑马，却没有一朵花，只在抬起的马蹄附近飞了两只蝴蝶。

虽然没有花，但喜欢花香的蝴蝶围绕着马蹄，说明这匹马刚刚经过花丛。这种含蓄的意境让考官们拍案叫好，当即宣布这位画师入选。

画师们去京城参加朝廷组织的考试，题目看上去不难：踏花归去马蹄香，而考官真正要考的是画师们是否有灵性，看到这样一个题目，能否推陈出新，画出新意。最后中选的作品和其他人果然大不相同，整个画面没有一朵花，却靠着蝴蝶和马蹄，让人感觉到花的存在——这就是创意，这就是高超。

随大流的行为同样招人嘲笑，别人买什么，自己也要买一样，生怕落后。在一个办公室，有人买了个平板电脑，没过多久，其他人手中的电脑也更新换代。大家都怕老土，都怕不时髦，结果却是每个人都一样缺少个性，还不如隔壁那个在电脑壳上手绘中国风图案的人来得引人注目。想要吸引目光，靠得是与众不同，而不是别人做什么，你做什么。

一次，英国一家电视台举行了一个猜谜活动，征集最有创意的答案。节目有很多有趣的问题，观众们通过短信发出的答案五花八门。这一天，电视台给出的题目是："一架小型直升机能源不足，需要丢下一个人确保安全，除了驾驶员，还有一个国家级农业专家、一个国防部武器专家、一个拥有出众才华的水利专家。请问应该扔哪个人?"

答案很多，有人说民生问题和建设最重要，应该扔武器专家；有人说安全和吃饭第一，扔掉水利专家；有人说农业部专家太多，扔掉农业专家……人们甚至为此展开了激烈的论战。最后，电视台公布了最佳答案：三位专家中，扔掉最胖的那一个。

当今是一个创新的时代，生活的方方面面都要"新"，我们每天都在面对更"新"换代、日"新"月异。"新"来自创意，来自与众不同的想法，只有和别人不一样，才能拔得头筹，领先一步。领头羊都能捞到第一桶金，跟风的人只能捡到一些残渣。有时候想要成功，就要像一句广告说的那样——不走寻常路。

古代的一个国王想要寻找一匹千里马，听说偏远国家有一匹好马，就派人带了重金去买。没想到使者赶到的时候，马已经死了。使者灵机一动，花大笔金钱买回了这匹马的尸骨。

国王听说花掉大笔金钱，买回来一堆骨头，气得想要将这个糊涂虫撤职查办。没想到这条新闻传遍全国，所有人都知道国王爱千里马，没多久，就有好几匹千里马被送到宫中。如果只是贴告示发消息买千里马，怎么会取得这样好的效果？

不走寻常路的人经常出奇制胜，想出令人惊讶的妙招。当然，循规蹈矩并不是一种错误，多数人都过着平常的生活，有着平常的思考模式，他们有的是天性如此，有的是不敢尝试，这样的人往往只有一个归宿——平庸。他们的生活因为缺乏想象力而没有波澜，但好在平稳安宁。最糟糕的就是那种明明没有创意，硬要装作与众不同的人，他们挖空心思赶潮流，最后却让自己成了四不像，还不如那些踏实过日子的人。

创意思维并非天生就有，后天也可以慢慢培养，只要足够细心，多多观察事物，多多思考，就像手中拿着一个苹果，你用水果刀切成几瓣，它只是一盘普通的水果，如果你想要搞点创意，把苹果拦腰切开，就会发现果肉里藏着一颗"星星"，把这些苹果片摆在盘上，有意想不到的效果——这就是最简单的创意。生活中，随处藏着惊喜，只等你去发现。

懒散的人看不到机遇

有个懒汉整日无所事事，他的老婆骂他说："像你这样的懒汉哪里有出头的日子，赶快出门去找机会！找不到就别回家！"

被老婆赶出家门的懒汉坐在大路边，这时一个长着三只眼、三条腿的奇怪的人向他走来，对他说："你在做什么？要不要跟我一起走走？"

懒汉说："我在等待机会，不知道他什么时候过来。"

那个奇怪的人说："不要再等了，跟我去做一些有意义的事怎么样？"

"不，我要坐在这里等待机会。"懒汉坚定地说，怪人摇着头走了。

懒汉一连等了几天，都没看到机会的影子，只好回到家。妻子问："你有没有找到机会？"懒汉回答："没有，我只看到了一个三只脚、三只眼的怪人，他让我跟他走，我没理他。"

"你这个蠢货！那个人就是'机会'！你竟眼睁睁看着他走掉！"

一个懒汉被老婆赶出家门，让他去找机会，懒汉并不知道"机会"是指努力地找一份工作赚钱养家，他发扬一贯的懒惰风格，坐在大路边等待机会去找他。事实证明，懒散的人没有成功意识，即使机会走到面前，他也懒得伸手。

懒惰是世界上最舒服的事，在懒散的状态中，可以无所事事，不必想压力，不必做自己讨厌的事，看看自己喜欢的电视剧，随着自己的心意上网或聊电话，甚至很多人觉得生活就该如此惬意轻松，那些忙碌的人都是"没事找事"。而在忙碌的人看来，勤劳既是一种美德，也是成就大事的必经阶段，那些懒汉虚度光阴，不可能有出息。

懒惰也是世界上最简单的事，因为人大多有基本的生存能力，只要凡事愿意将就对付，他们可以过着一种能够解决温饱又游手好闲的生活。还有一些人本身有父母的财产，更觉得自己有资本不思进取。当别人认为时间过得飞快，自己需要拼命追赶时，懒散的人认为时间太慢，多得用不完。但是，一旦某一天，他们需要清点自己的人生，前者发现自己得到了很多东西，充实满足；后者却发现人生空空荡荡，几十年好像只有一天，这一天里他不过是在吃饭、睡觉、混日子。

著名励志大师卡耐基曾经给助手们讲过这样一件事。一次，有位青年来卡耐基家里拜访，这已经是他第三次来访。青年向卡耐基请教成功的秘诀。

第一次，卡耐基告诫青年要抛弃对成功的不切实际的幻想，踏实地努力。青年看似听懂了他的话。没过多久，青年第二次来拜访，对卡耐基说："上次听您说的话后，我辞掉工作，反复思考了一个月，终于想明白了，现在您能告诉我更多关于成功的秘诀吗？"卡耐基说："成功没有秘诀，苦干是唯一的途径。"青年道谢后又走了。

一个月后，青年又站在卡耐基家门口，对他说："您上次说的话我已经想明白了，我要找一个伟大的事业付出努力，您有什么好的建议吗？"卡耐基说："我刚好缺少一个助手，你要试试吗？"青年连连摇头说："这件事太简单了，谁都可以做，我希望做一件大事。"卡耐基说："我没什么建议，成功没那么难，但你要抓住机会。"青年问："机会在哪里？"卡耐基说："它刚刚走掉，如果你还要站在我家门口，它们会继续溜走。"

只想不做是懒散者的一大特征，偏偏有些懒汉一心想做大事。故事中的有志青年向励志大师咨询成功的方法，励志大师告诫他不要幻想成功有什么秘诀，每个成功者都是沿着自己的方向努力的人。当励志大师提出让青年当自己的助手，青年竟然觉得这份工作太简单，最后励志大师无奈地将青年拒之门外。

懒散的人等待机会、错失机会，聪明的人创造机会、把握机会。同样的一件事，懒散的人会推托、会忽略、会嘲讽，就是不想伸一下手，试一试这件事是否会通向成功；聪明的人则是不管有没有结果，看到机会一定要做一做，失败了就当多个教训。渴望懒散的人只能停在某一个地方，过一种固定的生活。而不懈追求的人，总是不放松任何一秒时间。他们不知道机遇何时到来，却早已做好万全的准备，随时能让生命又一次飞跃。

一位老教授曾提出这样的建议："在这个时代，年轻人缺少的不是机会，而是行动力。"一个有成功潜质的人想到就会立刻做，而不是等和拖。想要偷懒的时候，他们也会告诉自己随便做点什么，学一样技能、掌握一门语言、练一手好字……技多不压身，这些都是对未来的一笔投资，说不定会在什么时候派上用场。如果把勤奋当成一种习惯，人们每一天都能提高自己，经年累月，他们会脱胎换骨，成为人人羡慕的天之骄子。

迷信他人，不如坚持自我

1543 年 5 月 24 日，意大利天文学家哥白尼的名著《天体运行论》出版，这本书阐述了太阳是宇宙的中心，包括地球在内的星球都围绕着太阳旋转。

从公元 2 世纪开始，人们信奉古希腊天文学家托勒密提出的"地球中心说"，认为地球是宇宙的中心，所有星星都围绕着地球旋转。这种学说后来又被宗教利用，成为正统学说。而哥白尼认为，科学应该不断前进，在托勒密的时代，"地球中心说"的确达到了那个时代最高的学术水平，但随着观察工具的进步，已经证明太阳并不是围绕地球旋转，相反，是地球绕着太阳旋转。哥白尼的理论遭到很多人的阻挠，特别是他在从事研究的时候，很多人都说他在痴人说梦，竟然敢挑战托勒密。而哥白尼则用实际行动证明，真理就是真理。

在中世纪，人们在教会的宣扬下，相信自己活在宇宙的中心，所有星星都围绕着地球旋转。哥白尼在这种教育下长大，但他通过自己的观察，确定地球围绕太阳旋转，他把自己的观察结果写成书出版，这本《天体运行论》的发表是自然科学史上的一件大事，哥白尼的这本书打破了禁锢思想的"地心说"，给世人提供了一扇观察宇宙的窗子。

如果哥白尼和当时的科学家一样，一味迷信托勒密的"地心说"，他的研究就会有一个明确的指向——维持地心说的地位。而真正的科学家追求的是真理，当他发现实际观察结果与传统不符，打破传统势必遭致保守派的攻击甚至打压，这就考验了一个科学家的勇气。是盲从传统还是坚持自我？哥白尼选择了后者。

在中国，很多书法爱好者喜欢临摹王羲之的《兰亭集序》，也有很多人被夸奖深得王羲之笔法的精髓。事实上，这些人有些天分不高，只能做一个复制者，不能形成自己的风格；有些因循守旧，明明很有天赋却被名家绊住手脚，没有创新的意识。结果，他们的每一笔字都是前人写过的，没有一个笔画是自己的，所以他们只能当一个爱好者，不能成为大家。字写得好，没能形成自我风格，对学书法的人来说是最大的遗憾。不论是科学的进步、社会的进步还是一个人的进步，靠的都是不断建立自我，摆脱他人的束缚。

想要确立自我，首先便要打破陈规，我们每个人都有模仿别人的阶段，这个阶段可以称为"学步"。当我们得到了基本的学识和技能，就要有自己的思考，走自己的路，而不是亦步亦趋地继续模仿别人。发现万有引力的牛顿说："我之所以能看得比别人远一点，是因为我站在巨人肩上。"有志者应该站上巨人肩膀，而不是跟在巨人身后做一个小小的影子。

丽莎正在为她的圣诞礼物发愁，妈妈说，这次圣诞节可以送她一副漂亮的手套。丽莎早就想有一副漂亮的晚礼服手套，她不知道选择什么样的款式，就去询问她的朋友。

询问的结果让她更加烦恼，一个朋友坚持说，丽莎应该戴一副黑色的、款式简洁的、镶一颗碎钻的长手套；另一个朋友坚持说，丽莎应该有一副白色的、有繁复的蕾丝的手套，那样会让丽莎看上去像个小公主。

丽莎把她的烦恼告诉妈妈，妈妈问："亲爱的，你想要什么样的?"

丽莎说："我觉得她们说的都有道理。"

"可是你只能得到一副手套，你必须选择你最喜欢的。"

"随便吧，我实在不知道该听谁的!"丽莎决定把选择权交给妈妈。

圣诞节，妈妈送给丽莎两只手套，一只是黑色镶钻的，一只是白色蕾丝的。妈妈说："既然你说都可以，我就按你的要求买了，希望你喜欢这份礼物。记住，自己的事只能自己决定，不要让任何人影响你，也不要把决定权交给自己之外的人。"

丽莎的妈妈准备买一副手套送给她，丽莎有两种喜欢的样式，在咨询别人的意见后仍然不能定夺，只好将这个难题丢给妈妈，让她随便买。妈妈买下两种手套，每种只送给丽莎一只。如果丽莎有一点自己的想法，早早确定一个款式，又怎么会失去盼望已久的圣诞礼物？

人们做事都喜欢征求他人的意见。有些人有主见，心中已经有了明确的目标和大概的构想，需要别人的建议来丰富自己的构想，提醒自己的疏漏，将整个计划构建得更加完善。他们有自己的判断力，能够采纳正确的，无视错误的，将他人的建议转化为自己的取胜资本。还有一种人，他们做什么都在征求别人的意见，在本质上，他们不相信自己，既不相信自己的眼光，也不相信自己的能力。他们要反复向别人询问："这样可以吗？"他们的人生完全由别人决定，一旦提建议的人出现分歧，他们就会陷入混乱，根本不知道该听谁的。

没有主见的人无法坚持自我，即使他们心中有梦想，有计划，也总在旁人的劝导或怂恿下，改变自己最初的想法，走一条自己根本不愿意走的路，他们忘记了人生是自己的。有主见的人"走自己的路，让别人去说"；缺乏自我的人，"走别人的路，听别人乱说"。缺乏主见的人放弃了生命中最重要的一项权利——自我选择权。

总是听从他人建议的人，犹如大海上失去舵手的船，风往东吹，就往东走；向西吹，就往西走。在盲从中，缺乏主见的人渐渐失去自己的目标。一个人必须脱离他人的控制，做自己的主宰，牢牢把握生命的选择权，唯有如此，才能一步一步寻找自我，建立自信，活出自尊，构建自己特有的生活。